Dirk Stöcker
Die Verkaufsevolution

Dirk Stöcker

Die Verkaufsevolution

Die Macht der Emotionalität im digitalen Zeitalter

Mentoren-Verlag

Der Verlag weist ausdrücklich darauf hin, dass im Text enthaltene externe Links vom Verlag nur bis zum Zeitpunkt der Buchveröffentlichung eingesehen werden konnten. Auf spätere Veränderungen hat der Verlag keinerlei Einfluss. Eine Haftung des Verlags ist daher ausgeschlossen.

Bibliografische Information der Deutschen Nationalbibliothek
Die Deutsche Nationalbibliothek verzeichnet diese Publikation in der Deutschen Nationalbibliografie; detaillierte bibliografische Daten sind im Internet über http://dnb.d-nb.de abrufbar.

1. Auflage

Königsberger Str. 16, 55218 Ingelheim am Rhein

Lektorat: Sarah Küper, Mainz
Korrektorat: Deniz S. Özdemir, Mainz
Umschlaggestaltung: Nadine Nagel, Mainz
Umschlagsfoto: Monika Nonnenmacher, Köln
Autorenfoto: Monika Nonnenmacher, Köln
Grafiken: Ulrike Schnittker, Hennef
Satz und Layout: Sarah Küper, Mainz
Druck und Bindung: MCP, Marki, Polen

ISBN: 978-3-98641-051-3

www.mentoren-verlag.de

Ich widme dieses Buch meinen Eltern, die mir mit viel Liebe und großer Geduld dabei geholfen haben, der Mensch zu werden, der ich heute bin.

Ich danke euch für dieses starke Fundament sowie den wertvollen und liebevollen Raum, den ihr mir geschenkt habt.

Inhaltsverzeichnis

Schön, dass dich dieses Buch gefunden hat!

Der Meister meldet sich, wenn der Schüler bereit ist. Und jetzt hat dich dieses Buch gefunden. Darüber freue ich mich und heiße dich herzlich willkommen.

Mein Name ist Dirk Stöcker. Ich bin Verkaufstrainer und Unternehmensberater mit Herz, Verstand und Seele und ich helfe meinen Kunden jeden Tag dabei, mit Klarheit, Leichtigkeit, Intuition und dem richtigen Fokus ein erfülltes (Berufs-)Leben zu führen.

Ein Hinweis: Wenn ich hier im Buch von *Kunden* spreche, meine ich natürlich immer auch die weibliche und alle anderen Formen. Ich trage alle in meinem Herzen, spreche ausdrücklich jeden von euch an und habe mich lediglich für diese Ausdrucksweise entschieden, damit die Sätze und die Übermittlung der Inhalte klar bleiben.

Meine Kunden sind überwiegend mittelständische Firmen und große Konzerne. In der gemeinsamen Arbeit unterstütze ich sie dabei, mehr Klarheit in ihre Prozesse zu bringen. Dadurch werden die Themen Verkauf und Kommunikation so einfach und effizient, dass sich die Umsetzung eher wie ein natürlicher Flow anfühlt und nicht wie Arbeit. »Der Klarheitsbringer«, so nennen mich meine Kunden oft. Die Formulierung gefällt mir, denn nur wer klar ist, kann wachsen und infolgedessen auch über sich selbst hinauswachsen. Klarheit ist es auch, was wir brauchen, um unsere

Ziele zu sehen und zu fühlen – und zwar die Ziele, auf die es wirklich ankommt.

Hier im Buch benutze ich die Du-Ansprache, weil uns die Dinge durch das Du stärker berühren und mehr in uns bewegen. Das ist im Übrigen auch der Sinn und Zweck dieses Buches: dass sich etwas in dir und deinem Unternehmen bewegt. Wenn du in der Zusammenarbeit mit mir lieber wieder auf das »Sie« übergehen möchtest, ist das natürlich in Ordnung.

Jedes Buch hat seine idealen Leser, so wie jedes Unternehmen seine idealen Kunden hat. Dieses Buch ist dann genau das Richtige für dich, wenn du mit Menschen und im engeren sowie weiteren Sinne mit Verkaufen und Kommunikation zu tun hast.

Du bist zum Beispiel:
Geschäftsführer, Entscheider, Vertriebsleiter oder Mitarbeiter im Vertrieb. Vielleicht bist du ein erfahrener »Hase«, schon lange im Berufsleben und gleichzeitig bereit, dich noch einmal auf Neues einzulassen. Es kann auch sein, dass du gerade ganz frisch startest und von Anfang an wissen möchtest, wie leicht, erfolgreich und natürlich Verkaufen gehen kann, wenn es nah am Menschen stattfindet.

Möglicherweise bist du auch Coach, Trainer, Speaker und Berater oder kommst aus einer anderen Branche und musst dich und deine Angebote täglich verkaufen.

Auch als Firmengründer kannst du dieses Buch als Grundlage für deinen gelungenen Vertriebsstart nutzen, um nicht in die Falle zu tappen, in die Millionen von Unternehmern vor dir getappt sind.

Darüber hinaus ist dieses Buch für alle diejenigen gedacht, die sich nicht länger vor der Digitalisierung fürchten, sondern sie als Katalysator sehen und darauf brennen zu erfahren, wie sie ihre Möglichkeiten voll ausschöpfen können.

Du möchtest es anders machen

Vielleicht hast du erkannt, dass du mit deinen bisherigen Verkaufsmethoden nicht dein volles Potenzial ausgereizt und darum nicht das Geld verdient hast, das du hättest verdienen können. Vielleicht hast du beim Anwenden der »üblichen Verdächtigen« der Verkaufsmethoden bisher immer gedacht: Irgendetwas stimmt hier nicht! Und tatsächlich stimmte etwas nicht. Du konntest es aber nicht näher erklären und somit nicht lösen. Vielleicht spürst du auch schon länger, dass Verkaufen viel leichter, effizienter und angenehmer – weil es ehrlicher vonstattengeht – sein kann, als du es bisher erlebt hast.

Ich kann dich beruhigen: Das, was du jetzt schon fühlst, ist wahr. Es geht tatsächlich anders! Damit das gelingt, ist es allerdings wichtig, dass wir ein paar Denkmuster loswerden bzw. sie transformieren. Was sind Denkmuster? Denkmuster, das ist etwas, was wir alle in uns tragen und oft nur schwer wieder loswerden. Meistens sind wir uns ihrer Anwesenheit nicht mal bewusst.

Ich bekomme zum Beispiel als Vater oft mit, wie jemand sagt: »Schau mal, der kleine Junge da hinten, der wird bestimmt mal ein hervorragender Verkäufer.« Denkmuster Nummer Eins: Es ist immer ein Junge.

»Echt, und was kann der gut?«, frage ich in solchen Momenten (insgeheim weiß ich die Antwort längst).

»Na, der kann gut reden!«, antworten die meisten.

Frage an dich: Muss ein guter Verkäufer wirklich gut reden können? Oder muss er nicht viel eher hoch empathisch sein, andere Menschen in der Tiefe verstehen können und lösungsorientiert für sie sein?

Interessanterweise habe ich noch nie gehört: »Sieh mal, das kleine Mädchen da hinten. Die wird bestimmt mal eine gute Verkäuferin. Wie empathisch sie ist! Wie gut sie auf andere eingehen kann und wie lösungsorientiert sie ist!«

Das sind Denkmuster. In diesem Buch werden wir uns einige von ihnen vorknöpfen.

Ich freue mich auf jeden Fall jetzt schon sehr, dass ich dich begleiten darf und wünsche dir viel Spaß auf den nächsten Seiten und ganz neue Erfolgserlebnisse im Verkauf!

Dirk Stöcker

PS: Referenzen sind für jeden von uns wichtig, der unternehmerisch arbeitet. Wenn dir dieses Buch gefällt und dir einen echten Mehrwert bringt, hinterlasse mir bitte eine positive Bewertung mit möglichst vielen Sternchen bei *Amazon*. Ich weiß es zu schätzen. Dankeschön.

So kannst du jedes Problem lösen

Mein Lieblingsmotto ist: »Machen ist wie wollen, nur viel krasser.« Dieser Satz steht bei uns gleich an mehreren Stellen im Büro: zum Beispiel an der Wand, auf unseren Tassen, Mauspads und auch auf Aufklebern. Ich finde, der Satz spornt an. Er macht auch was mit den Kunden, denen wir die Tassen und Aufkleber schenken. Denn wenn WIR die Dinge nicht tun und in die Umsetzung gehen – dann macht es unser Mitbewerber.

Mit einem großen Ereignis, das mit diesem Ins-Tun-Kommen zu tun hat und das einen großen Einfluss darauf hatte, wie mein Unternehmen heute aussieht, möchte ich dieses Buch beginnen. Die letzten Jahre haben uns alle stark bewegt. Das vieldiskutierte »C« soll nicht Thema dieses Buches sein, doch was damit einherging, ist heute nicht mehr wegzudenken. Niemanden haben die vergangenen Jahre unberührt gelassen.

Ich möchte ganz ehrlich zu dir sein. Am Anfang habe ich Corona nicht für voll genommen. Wenn man wie ich 33 Jahre lang im Berufsleben steht, dann hat man schon einige Krisen gesehen und erlebt: 2002 die »Dotcom-Blase«, 2008 die Finanzkrise (Lehman Brothers), dazu SARS, Ebola, die Schweinepest, BSE … Allein in den vergangenen 20 Jahren gab es unzählige Phasen, in denen gefühlt jeder irgendetwas hatte. Und das meine ich keinesfalls despektierlich. Ich habe hohen Respekt vor dem, was all diese Dinge mit sich brachten.

Dennoch gab es einen entscheidenden Unterschied: Bei den genannten Krisen konnten wir als Unternehmen mit unseren Geschäften weitermachen. All diese Abschnitte mit ihren Krankheiten oder finanziellen Auswirkungen waren schlimm – doch auf unsere Art zu arbeiten, hatten sie im Grunde genommen keinen Impact. Und dann kam die Pandemie.

Ich erinnere mich noch genau, dass mein erster Gedanke war: »Ach, schon wieder etwas Neues, das jetzt durch die Medien getrieben wird. Jetzt heißt es eben Corona.« Mehr Bedeutung maß ich dem Ganzen anfangs nicht bei. Bis zu dem Tag, an dem mich ein Kunde anrief. Es war kurz vor dem ersten Lockdown und er fragte mich, ob das offene Vertriebsseminar stattfinden würde.

Ich antwortete: »Ja, klar, warum?«

»Na, wegen Corona.«

Daraufhin erwiderte ich lächelnd: »Ach, wissen Sie, Corona, da machen wir nicht mit.«

Mein Kunde und ich fanden die Antwort zu diesem Zeitpunkt noch ziemlich witzig, verabschiedeten uns und freuten uns auf das Seminar. Nur wenige Stunden später kam meine Frau zu mir ins Büro und teilte mir mit, dass wir nun Lockdown hätten. Kindergärten, Schulen … alles sei geschlossen. Da fing ich an, mir die ersten Gedanken zu machen.

2019 war in der Akquise für uns ein geniales Jahr. Als Folge davon hatte ich im Januar 2020 mehr Aufträge als für das gesamte Vorjahr. Doch dann brach der Sturm los: Nachdem meine Frau wieder aus der Tür gegangen war, riefen mich innerhalb von nur einer Stunde 100 Prozent unserer Kunden an. Alle verlegten die gebuchten Seminare auf unbestimmte Zeit. Alle. Das Erste, woran du als Unternehmer in solch einer Situation denkst, ist: Deine Kosten laufen weiter. Doch deine Einnahmequelle ist auf unbestimmte Zeit versiegt. Du weißt nicht, wann wieder Nachschub kommt. Kannst du dir das vorstellen? Das macht Angst. Diese Stunde war für mich die schlimmste in meinem ganzen beruflichen Leben. Alles, was ich zuvor aufgebaut hatte, stand kurz vor dem Einsturz.

Ich weiß noch, dass ich in meinem Büro saß, in meinen eigenen Seminar-Unterlagen blätterte und dabei auf folgenden Satz stieß: »Ein Problem ist nur so lange ein Problem, bis du die richtigen Fragen stellst.«

Das ist ein Satz, der von mir stammt und den ich meinen Teilnehmern regelmäßig ans Herz lege. Ich schaute auf diese Worte, versuchte, mich zu sortieren, so gut das in solchen Momenten möglich ist, und stellte mir die Frage: »Was kann ich gegen Corona tun?«

Die Antwort lautete: »Nichts.«

Ich überlegte weiter. Was konnte ich tun? Was lag in meinem Einflussbereich, in meiner Macht? Intuitiv tat ich daraufhin etwas, auf das ich in einem der folgenden Kapitel noch stärker eingehe: Ich versuchte, den IST-Zustand meiner Kunden zu verstehen. Wie ging es meinen Kunden und *ihren* Unternehmen gerade? Wo standen sie? Was brauchten sie in dieser Situation von mir, ihrem Vertriebs- und Kommunikationsexperten?

Ohne Zögern setzte ich mich ans Telefon, rief meine Kunden der Reihe nach an und fragte sie: »Lieber Kunde, wie geht es dir, wie läuft es gerade, was machen deine Leute …?« Mit diesen Fragen wollte ich herausfinden: Wo war gerade sein Engpass? Wo liegt das Problem?

Und etliche erzählten mir: »Meine Leute sitzen im Homeoffice und wissen nicht, wie sie Vertrieb machen sollen!«

Das hörte ich wieder und wieder. Und ich machte mich an die Arbeit. Ein paar Tage später war unser erstes Online-Seminar fertig. Es hieß »Vertrieb aus dem Homeoffice«.

Mein Hauptansinnen dabei war: Hilf den Menschen dabei, ihren Fokus wieder auf das Gute und Machbare zu richten. Unterstütze sie dabei, das zu sehen, was im Moment funktioniert, während die

Welt um sie herum zusammenbricht. Außerdem interessierte mich die Frage: Funktionieren Online-Seminare überhaupt? Denn beschäftigt hatte ich mich mit dem Thema schon länger. Nur für die konkrete Umsetzung hatte mir bisher die Zeit gefehlt. Und zur Erinnerung: Vor Corona nutzte kaum einer diese Tools.

Dieses erste Webinar bot ich meinen Kunden kostenfrei an. Ich dachte: »Wenn du 30 Menschen geholfen hast, Corona zumindest gedanklich für eine Stunde hinter sich zu lassen (was schwer genug ist), dann hast du etwas Großartiges erreicht.« Mittlerweile hatte ich die Tragweite der ganzen Situation begriffen. Ich wusste nicht, was passieren würde und wie viele oder wenige Unternehmen mein Angebot annehmen würden. 30, dachte ich, wären ein klasse Ergebnis. Nur drei wären ein bisschen peinlich, weil man bei Zoom genau sieht, wie viele Leute im Raum sind.

Das Ergebnis war erstaunlich. Es kamen 140 Leute! Darunter Top-Manager aus Konzernen ... Menschen, die man aus Funk und Fernsehen kennt. Ich öffnete zur Startzeit den Bildschirm, und es machte pling-pling-pling. Es hörte gar nicht mehr auf. Einer nach dem anderen kam ins Webinar und es wurde eine rundum gelungene Veranstaltung. Ich sprach offen und ehrlich zu allen und griff auch die Unsicherheiten und Ängste auf, die uns alle betrafen. Wir saßen im gleichen Boot.

Nach der Veranstaltung stand mein Telefon nicht mehr still. Von vielen wurde ich gefragt, ob unser geplantes Seminar auch online durchgeführt werden könne. Ich erwiderte, dass dies natürlich möglich sei.

Mein Kalender, der noch ein paar Stunden vorher leer gewesen war, füllte sich wieder. Ich bekam fast alle Aufträge, die schon abgesagt worden waren, wieder rein. Ebenfalls in diesen Tagen rief eine große Bank an: »Herr Stöcker, wir möchten 900 Mitarbeiter schulen. Wir wollen aber keine Live-Online-Seminare, sondern aufgezeichnete. Haben Sie so etwas?« Ich biss mich innerlich kurz in den Hintern, denn, wie zuvor erwähnt, hatte schon vor Corona auf meiner Liste gestanden, aufgezeichnete Online-Seminare zu produzieren.

Ich hatte keines fertig und wurde daher etwas unruhig.

»Herr Stöcker, sind Sie noch da? Haben Sie aufgezeichnete Seminare?«, fragte die Dame am anderen Ende.

Mir blieb keine Zeit zu überlegen. »Fast fertig!«, rief ich.

»Bis wann haben Sie sie denn fertiggestellt?«

Ich musste Zeit gewinnen und stellte die Gegenfrage: »Bis wann benötigen Sie die Aufzeichnungen denn?«

Die Dame nannte mir ein Datum.

»Was für ein Zufall. Bis dahin bin ich fertig!«, rief ich.

Ich bekam den Auftrag. Abends sagte ich zu meiner Frau: »Schatz, ich habe eine gute und eine schlechte Nachricht.« Sie sah mich besorgt an und fragte: »Schon wieder eine Hiobsbotschaft?« Die Welt um uns herum sorgte in jener Zeit ja täglich für neue Aufregungen.

»Nein«, meinte ich freudig, »ich habe einen tollen Auftrag bekommen. Aber Ostern ist für mich gelaufen. Ich muss arbeiten.« Mein Ostern 2020 bestand darin, von morgens bis spät in die Nacht Seminarskripte zu schreiben, Videos zu drehen, sie zu schneiden und alles in eine ansprechende Kursform zu gießen – mit allem, was dazu gehörte. Aus diesem ersten Kurs entstand die Grundlage für unsere heutige Online-Academy.

Es folgten weitere Aufträge, denn der Kunde fragte, ob der Kurs mit Live-Seminaren via MS Teams ergänzt werden könne. Natürlich konnte ich. Im Rückblick wurde 2020, das mit einem solchen Paukenschlag begann, ein geniales Umsatzjahr für unser Unternehmen. Und das in der größten Trainer-Krise!

Warum erzähle ich dir das alles? Weil es, zumindest aus heutiger Sicht betrachtet, so einfach war. Weil jeder Trainer hätte durchführen können, was ich gemacht habe. Doch die meisten meiner Wettbewerber haben damals geschlafen. Viele waren schockiert, gelähmt, frustriert, verärgert … oder eine Mischung aus allem und sind dadurch nicht ins Handeln gekommen. Meine Frau begegnete zu der Zeit zufällig einer Trainerkollegin von mir in der Stadt. Die Kollegin sagte: »Na, der Dirk sitzt wahrscheinlich auch heulend im Garten. Oder?« Meine Frau schüttelte überrascht den Kopf: »Nein, ich sehe ihn kaum noch. Er ist die ganze Zeit am Arbeiten!«

Heute, im Rückblick, bin ich froh und dankbar, dass ich so reagiert habe. Ich weiß nicht, wann ich das Thema Digitalisierung sonst so schnell und fast über Nacht in Angriff genommen und in meinem Unternehmen implementiert hätte.

Jeder von uns hat seine eigenen Themen und Bereiche, in denen wir etwas lernen, verändern, verbessern oder komplett über Bord werfen durften. Bei den einen waren es mehr Dinge, bei den anderen weniger.

Die Frage ist längst nicht mehr, ob wir uns verändern müssen, sondern: Wie schnell sind wir dabei? Und wie können wir die Zukunft so gestalten, dass sie besser und leichter für uns alle wird?

Krisenzeiten sind immer auch Chancenzeiten. In Krisenzeiten werden Marktanteile neu verteilt. Das ist auch der Grund, warum ich dieses Buch schreibe. Ich schreibe es für dich, damit du ebenfalls die Chancen der Zeit erkennen und nutzen kannst. Jetzt oder nie!

Wenn sich die Welt verändert und wir liebgewordene Strukturen und Umstände loslassen dürfen, haben wir immer die Möglichkeit, von zwei Seiten darauf zu schauen: Wir können den Verlust sehen – oder die Möglichkeit zum Neuanfang. Wir können uns, unsere Zuversicht und damit auch unser Geschäft zerstören lassen – oder uns von den Gegebenheiten beflügeln lassen. Beides ist möglich, und beides liegt in unserer Hand.

Meine Kunden sind immer wieder überrascht, welche kleinen Veränderungen einen enormen Hebel bewirken können. Die aktuelle Zeit schenkt uns diesen Hebel. Sie hat uns u.a. durch die Digitalisierung einen Turbo für unseren erfolgreichen und effizienten Vertrieb an die Hand gegeben, den manche Unternehmen in seinem ganzen Ausmaß noch nicht erkannt haben. Du gehörst zu denen, die noch vorn dabei sein können, wenn du dich jetzt damit beschäftigst. Nimm dir die Zeit und mach es zu deiner Priorität – jetzt.

Mein Ziel mit diesem Buch ist erreicht, wenn auch du für dich Dinge erschaffst, die du bisher nicht für möglich gehalten hast. Die Geschichten und Beispiele, die ich dir zeige, habe ich alle selbst erlebt: im Kundenkontakt, in unseren Vertriebstrainings, als Unternehmer oder im privaten Bereich. Mach dir deine Notizen und eigenen Gedanken dazu, um die Essenz mit ins nächste Kundengespräch zu nehmen.

Lies das Buch von vorn bis hinten und am besten noch ein zweites Mal, damit du alles verinnerlichst. Jedes Kapitel hält wertvollen Input für dich bereit. Und dann geh ins Tun: Krempele die Ärmel hoch und probiere das, was du gelernt hast, mutig und offen aus. Fehler sind menschlich und erlaubt. Keiner fällt als Meister vom Himmel. Im Gegenteil: Jedes Gespräch bringt dich deinem Ziel näher. Und schon kleine Veränderungen werden Großes bewirken und dir zeigen, wie leicht und einfach es geht, diese neue Art des Verkaufens zu erlernen. Eine Art, die den Menschen wieder in den Mittelpunkt rückt und das beiderseitige gute Gefühl eines echten WIN-WINs. Verkaufen ist immer nur dann ein gutes Geschäft, wenn alle Beteiligten einen Nutzen haben. Vorher nicht.

Jeder, mit dem wir im Verkauf zu tun haben, ist ein Mensch. Daran möchte dich dieses Buch erinnern. Jeder ist ein Wesen aus Fleisch und Blut, so wie du und ich, jeder hat einen Herzschlag, Werte und Vorlieben, auch Ängste, Träume und Sehnsüchte. Jeder bringt seine Erfahrungen und seine Geschichte mit, die wir zunächst nicht kennen – aber kennenlernen dürfen.

Meine Vision und Lebensaufgabe ist es, diese Form des Verkaufens, die auf den Menschen und den Respekt vor ihm als wertvolles Individuum ausgerichtet ist, auf dem Markt zu etablieren. Dafür stehe ich jeden Morgen auf und arbeite etwa 70 bis 100 Stunden pro Woche daran, um dieses Ziel zu erreichen.

Möchtest du mich auf dieser Mission begleiten? Das wäre mir eine riesengroße Freude und Ehre.

Teil 1
Das Fundament: Wer hier schludert, scheitert!

Kapitel 1
Deshalb wird es den Standard-Verkäufer bald nicht mehr geben

In diesem Teil fangen wir mit wichtigen Grundlagen an. Auch wenn es dich in den Fingern kribbelt, zum Teil 2 vorzublättern, empfehle ich dir, diesen Teil 1 zuerst zu lesen. Er legt die Basis für das, was du später in der Praxis brauchst.

Und ich verspreche dir: Alles, was ich mit dir teile, ist so einfach wie möglich gehalten. Wenn du an irgendeiner Stelle nachdenken musst, ist etwas verkehrt. Dann bist du mit ziemlicher Sicherheit ganz dicht an deinen Denkmustern und Glaubenssätzen dran.

Tatsächlich geht es im Verkauf zum allergrößten Teil um Denkmuster und Glaubenssätze. Verkauf wird dann als schwer oder ineffizient empfunden, wenn wir es nicht schaffen, bestimmte Denkmuster und Glaubenssätze loszulassen. Das Gute ist letztlich immer einfach, nur unsere Gewohnheiten zu ändern ist schwer. Doch keine Sorge, ich helfe dir mit diesem Buch dabei. Alles ist machbar und veränderbar und wir gehen es in kleinen Schritten zusammen an, in Ordnung? Lass uns dazu am besten mit einem Bild starten, das wir alle heutzutage aus unserem Auto kennen: dem inneren Navi.

Dein Business-Navi

Wenn ich frage: »Was macht ein Navi?«, dann antworten mir die meisten Leute, dass es uns sicher ans Ziel bringt. Im Prinzip ist das richtig. Doch das Ziel allein reicht nicht. Um uns ans Ziel bringen zu können, muss ein Navi drei Dinge kennen:

1. Den IST-Zustand: Wo stehe ich?
2. Das ZIEL: Wo will ich hin?
3. Den WEG: Welche Maßnahmen sind nötig, um dieses Ziel zu erreichen?

IST-Zustand: Wer hier schludert, verfehlt sein Ziel

Wo stehe ich gerade? Was sind meine Koordinaten? Wenn ich nach München will, macht es einen großen Unterschied, ob ich von Hamburg oder von Wien aus starte, stimmt's? Der Weg ist in beiden Fällen komplett verschieden. Weder beim Autofahren noch im Businesskontext macht es daher Sinn, loszufahren, bevor wir den IST-Zustand geklärt haben.

Ich bin begeisterter Segler, und auch auf dem Segelschiff musst du dir vor Fahrtantritt genau überlegen: Wo bin ich gerade? Wo will ich hin? Woher weht der Wind? Wenn du diese Faktoren nicht kennst, zerstörst du das Boot. Oder die Fahrt geht zwar gut und du erreichst dein Ziel – aber nur auf Kosten des Materials. Im Geschäftsleben ist es genauso: Du zerstörst dein Unternehmen oder verschleißt als Verkäufer.

»Von wo aus starte ich die Reise?« ist also die erste Frage, die du dir stellen solltest, wenn ein Projekt bzw. ein Verkaufsgespräch erfolgreich verlaufen soll.

Vorhin habe ich dir erzählt, dass ich zu Beginn der Pandemie meine Kunden angerufen habe, weil ich wissen wollte, wo sie stehen und was sie umtreibt. Fragen zu stellen hilft uns, an den IST-Zustand heranzukommen und ihn so exakt wie möglich zu definieren. Trau dich, deinen Kunden Fragen zu stellen! Je mehr Fragen du stellst, umso mehr Antworten bekommst du. Das wiederum hilft dir dabei, dein Navi zu kalibrieren.

Das Ziel: Wo will ich hin?

Nun kennen wir unseren IST-Zustand. Von dort aus sucht sich unser Navi das Ziel. Was ist unser Ziel beim erfolgreichen Verkaufen?

»Umsatz und Gewinn«, lautet in den meisten Fällen die Antwort. Und hier fängt das Problem schon an. Wohin ziele ich, wenn ich auf Umsatz und Gewinn schiele? Auf mich oder auf den Kunden? Auf mich. Ist das auf den Menschen ausgerichtet? Nein. Es ist egozentrisch. Du könntest daraufhin entgegnen, dass es alle da draußen so machen würden. Aber ich frage dich: Ist es deshalb richtig?

Nur, weil es alle machen, muss es nicht richtig sein

In einem unserer Vertriebsseminare bat ich die Teilnehmer, aufzustehen und ihren rechten Arm senkrecht auszustrecken. Wohlgemerkt: senkrecht. Ich selbst hielt meinen Arm jedoch waagrecht ausgestreckt. Was taten die Teilnehmer? Sie streckten ihre Arme ebenfalls waagrecht aus.

Nur ein Teilnehmer aus der ganzen Gruppe streckte seinen Arm senkrecht nach oben. Das fiel natürlich auf. Derjenige bemerkte es und schaute sich um. Die anderen Teilnehmer sahen es auch. Als er seine Position nicht gleich korrigierte, rief einer der Teilnehmer ihm zu: »Ey, senkrecht!« Der Angesprochene schaute auf die Armhaltung der Gruppe, veränderte daraufhin seine Haltung und streckte seinen Arm auch waagrecht aus.

Was war passiert? Ich hatte die Teilnehmer in die Irre geführt. Ich hatte mit meinem Körper ein anderes Ziel vorgegeben, als ich es mit Worten ausgedrückt hatte. Und genau das ist der Punkt: Kopf und Geist schaffen es nicht, das zusammenzubringen. Nur einer von allen im Raum hatte auf sich selbst gehört. Er war bei sich geblieben und hatte die Übung so ausgeführt, wie sie richtig war. Durch die laute Anfuhr des anderen knickte er jedoch ein und machte das Falsche – wie alle anderen. Genau das passiert im Verkauf jeden Tag. Menschen tun das Falsche, obwohl sie eigentlich wissen oder wissen müssten, wie es richtig geht.

Übungen wie diese zeigen übrigens, ob dein Team aus starken Persönlichkeiten besteht. Eine starke Persönlichkeit hält es aus, wenn alle anderen die Dinge anders machen. Eine starke Persönlichkeit wird niemals rufen: »Ey, senkrecht!«, während sie selbst gerade einen Fehler begeht. Vielmehr wird sie sagen: »Danke für den Hinweis.«

Starke Persönlichkeiten bilden die Grundlage für starken Verkauf.

Warum »Umsatz und Gewinn« als Ziel alleine nicht funktionieren

Genau das Gleiche passiert, wenn wir das falsche Ziel vor Augen haben. Wir haben keine Chance, im Vertrieb erfolgreich zu sein, wenn wir das falsche Ziel ins Navi eingeben. Wenn wir nur auf Umsatz und Gewinn ausgerichtet sind, können wir den Menschen, unser Gegenüber, gar nicht im Fokus behalten – es ist schlichtweg unmöglich!

Nun sagst du vielleicht: »Na ja, Abschlüsse, Umsatz und Gewinn sind nicht so verkehrt, denn davon leben Unternehmen.« Ich versichere dir, dein Unternehmen wird noch erfolgreicher und vor allem nachhaltig erfolgreich sein, wenn du und dein Team das richtige Ziel vor Augen habt.

Wir alle sind von bestimmten Denkmustern geprägt. Doch Denkmuster können verändert werden. Wir kommen gleich im Kapitel *Paradigmen* genauer darauf zu sprechen. Prüfe am besten noch heute, ob in deinem Unternehmen wirklich dein Kunde im Mittelpunkt steht. Wenn nicht, läute die entsprechenden Maßnahmen ein.

Große Haie, kleine Fische: Mit welchem inneren Bild gehst du zum Kunden?

Andreas, Mitte fünfzig, einer unserer Seminarteilnehmer, war zwischenmenschlich ein lieber Kerl. Wenn er aber ins Verkaufsgespräch ging, dann wurde er zum AUA-Verkäufer von der Sorte »Kunden **a**nhauen, **u**mhauen, **a**bhauen«. Für Kunden ist das schlimm, sie wollen mit so jemandem nichts zu tun haben. Ich überlegte, wie ich ihm helfen konnte.

In einer Pause meinte er zu mir, dass er mir etwas zeigen wolle. Daraufhin klappte er sein Notebook auf. Als Hintergrundbild erschien Bruce, der zähnefletschende weiße Hai aus dem Film *Findet Nemo*. Vorn zu sehen: Klein-Dori und Klein-Papa Nemo. Alex strahlte mich an und meinte ganz stolz: »Das ist mein Bild für Verkaufen. Ich bin der Hai!«

Ich war vollkommen perplex und sagte: »Alex, Kunden sind Freunde, kein Futter!« Alex hatte das falsche Ziel in seinem Navi. Das innere Bild von sich als Hai hatte seinen Fokus komplett verrückt. Er konnte nicht mehr wahrnehmen, worum es im Verkauf eigentlich geht – er konnte den Menschen auf der anderen Seite des Gesprächs nicht mehr sehen und fühlen. Hier setzte unsere gemeinsame Arbeit an.

Achte auf deine inneren Bilder. Jedes Bild beeinflusst deine Haltung, dein Denken, deine Sprache und deine Entscheidungen.

Vielleicht kennst du den folgenden Spruch, der hervorragend dazu passt: »Achte auf deine Gedanken, denn deine Gedanken werden zu Taten. Achte auf deine Taten, denn Taten werden zu Gewohnheiten. Achte auf deine Gewohnheiten, denn sie werden zu deinem Schicksal. Darum achte auf deine Gedanken.« (Quelle: umstritten)

Wenn andere uns auf das falsche Ziel triggern

Manchmal werden wir auch von anderen Menschen auf das falsche Ziel angesetzt, bewusst oder unbewusst. Stell dir vor, du fährst mit einem Fahranfänger in deinem Auto auf einen großen Baumarktparkplatz. Es ist Sonntag und der Parkplatz ist leer bis auf eine Laterne. Du sitzt auf dem Beifahrersitz und sagst zu dem Fahranfänger: »Fahr nicht gegen diese Laterne!«

Was macht er? Er fährt in die Richtung der Laterne. Warum? Weil du ihm das falsche Ziel vorgegeben hast.

In einem Fahrsicherheitstraining, das ich mal gemacht habe, wurde uns beigebracht: »Wenn du einem Hindernis ausweichen willst, schau auf die Lücke und nicht auf das Hindernis.« Das macht Sinn, oder? Du fährst dahin, wo du hinschaust. Du steuerst auf das zu, was du im Fokus hast.

Einen großen Mobilfunkkonzern hat genau dieser Punkt viel Geld gekostet. (Ich darf diese Story erzählen, denn wir haben erst danach für dieses Unternehmen gearbeitet.) Auch hier wurde den Mitarbeitern das falsche Ziel vorgegeben. Das Thema, um das es ging, bestand darin, neue Vertragsabschlüsse zu generieren. Der Auftrag an die Mitarbeiter lautete: »Schließt neue Verträge ab.« Man muss noch dazu sagen: Die neuen Verträge wurden besser provisioniert. Und die Mitarbeiter wurden kreativ. Sie setzten sich ans Telefon und anstatt neue Kunden zu akquirieren, riefen sie ihre Bestandskunden an: »Hallo, liebe Kunden, es gibt günstigere Verträge. Kündigt den alten und schließt einen neuen ab!«

Das Ende vom Lied: Die meisten schlossen günstigere Verträge ab – oder gingen direkt zum Wettbewerb. Denn der war noch günstiger. Millionen von Euro hat das Unternehmen bei dieser Aktion verloren! Das Management war damals überzeugt, der Fehler läge bei den Mitarbeiten. Sie hätten die Kunden vertrieben, hieß es. Aus meiner Sicht lag der Fehler jedoch beim Management selbst. Denn das Management hatte das Ziel falsch definiert und vorgegeben.

Wenn du das falsche Ziel im Navi hast, kann nicht das richtige Ergebnis dabei herauskommen.

Wahre Ziele versus falsche Ziele

Wenn ich Kellner frage: »Was ist deine Aufgabe? Was ist das Wichtigste in deinem Job?«, dann sagen sie mir:

1. Essen bringen.
2. Schnell sein.

Wenn ich sie darüber hinaus frage, warum die Gäste eigentlich zu ihnen kommen, dann antworten sie mir: »Weil sie Hunger haben.« Ich behaupte: Das reicht mir nicht! Wenn ich Hunger habe, dann mache ich mir eine Dose Ravioli auf oder schmiere mir ein Brot. Ins Restaurant gehe ich, weil ich etwas Besonderes erleben will.

Folgendes Beispiel verdeutlicht dies:

Kellner: »Welchen Wein hätten Sie denn gerne zum Essen?«

Ich: »Kräftig.«

Kellner: »Vollmundig und abgerundet?«

Ich: »Ja.«

Kellner: »Leicht holzig.«

Ich: »Total.«

Kellner: »Ich bringe ihnen einen kleinen Schluck zum Probieren.«

Ich (nach dem Probieren): »Prima, den nehme ich.«

Kellner (nach dem Essen): »Möchten Sie zum Nachtisch lieber das Tiramisu, bei dem die Schokostreusel leicht in die Sahne reinschmelzen, oder lieber das Vanilleeis mit heißen Früchten, die eine schöne Symbiose bilden?«

Verkaufen kann so lecker sein. Und, ja, dieser Dialog ist mir tatsächlich passiert. Ich hätte den Kellner knutschen können und hätte ihn am liebsten gefragt: »Wer hat Sie denn gecoacht?«

Was glaubst du, wer verkauft mehr: Der Mitarbeiter, der sein Ziel kennt? Oder der Mitarbeiter, der sein Ziel nicht kennt?

Und wir sind noch längst nicht da, wo wir hinwollen. Denn es geht noch eine Stufe weiter.

»Was ist dein wahres Ziel im Verkauf?«, frage ich unsere Teilnehmer.

Mit an 100 Prozent grenzender Wahrscheinlichkeit ist die erste Antwort: »Umsatz und Gewinn.«

»Und wer steht dabei im Fokus? Du oder der Kunde?«, frage ich nach.

»Ja … der Kunde natürlich«, sagen sie und kommen schon ins Stottern, weil sie merken, dass bei Umsatz und Gewinn eben nicht der Kunde im Fokus steht.

Ich frage daher noch mal anders: »Wer *sollte* im Fokus stehen?«

Darauf folgt meistens: »Der Kunde.«

»Okay, was ist also das Ziel?«

»Zufriedene Kunden.«

Diese Antwort geht schon in die richtige Richtung, aber sie reicht mir nicht. Denn, mal ehrlich: Empfiehlst du ein Restaurant weiter, wenn du nur zufrieden warst? Ich persönlich bin zufrieden, wenn es halbwegs geschmeckt hat, der Kellner mich nicht angebellt hat und wenn das Geschirr sauber war. Doch dann empfehle ich es noch lange nicht weiter. Weiterempfehlen würde ich dieses Restaurant nur, wenn ich begeistert bin.

Dein wahres Ziel im Navi sollte heißen: »Begeisterte Kunden.«

Vielleicht denkst du, dass das eine Floskel ist, doch das ist es nicht. Viele Verkäufer sagen zu mir: »Natürlich will ich begeisterte Kunden haben.« Insgeheim stieren sie aber auf Umsatz und Gewinn. Und dann haben wir den gleichen Effekt wie in der Übung mit dem ausgestreckten Arm: Unser System ist verwirrt, wir bekommen den Transfer nicht hin – und tun das Falsche.

Interessanterweise denken viele auch, dass sie sich zwischen begeisterten Kunden und einem Abschluss entscheiden müssten. Woher dieser Ansatz kommt, weiß ich nicht. Denn, ganz ehrlich: Wirklich begeistern kannst du deine Kunden doch nur, wenn sie deine tollen Produkte und Angebote auch nutzen. Und dann machst du automatisch Umsatz und Gewinn! Unsere alten Denkmuster sind schon lustig, oder?

Lass dich und deine Mitarbeiter und Kollegen über sich hinauswachsen

Wie mächtig wahre Zielen sind, zeige ich dir an einem ganz einfachen und, wie ich finde, eindrucksvollen Beispiel. Unser Unternehmen arbeitet manchmal mit Dienstleistern zusammen, die Räumlichkeiten für Seminare vermieten. Diese Dienstleister haben eigene Servicekräfte: Menschen, die sich um die Technik kümmern, den Beamer anschalten, die (wenn ich lieb bin) auch dafür sorgen, dass genügend Flipchartpapier und funktionierende Stifte da sind und dass in den Pausen Kaffee und Gebäck serviert wird. In der Regel kommen diese Leute leise in den Raum rein und verschwinden genauso leise wieder. Du weißt ihren Namen nicht und sie deinen auch nicht.

Eine von diesen Damen war anders. Sie kam auf mich zu und begrüßte mich mit einem strahlenden Lächeln und mit meinem Namen. Danach begrüßte sie auch alle Teilnehmer und führte sie persönlich in den Seminarraum. Alle fühlten sich sofort wohl. Besser konnte der Tag nicht beginnen.

Als ich wieder ein Seminar dort abhielt und zur Tür hineinkam, rief sie mir schon von Weitem entgegen: »Hallo, Herr Stöcker, schön, dass Sie wieder da sind.« Sie wusste meinen Namen noch! »Trinken Sie Ihren Kaffee wieder schwarz?«, fragte sie. Mir ging das Herz auf! Jedem von uns tut echte Aufmerksamkeit gut.

Aber ganz ehrlich, eine solche Begrüßung hatte ich in meinen vielen Jahren als Trainer noch nicht erlebt. Diese Dame machte ihren Job so gut, wie ich es nie wieder erlebt habe. Sie überreichte mir im Gespräch ihre Visitenkarte. Normalerweise haben diese Servicekräfte gar keine Visitenkarte. Ich dachte mir, dass das eine geniale Wertschätzung von ihrem Unternehmen war, ihr eine eigene Karte drucken zu lassen. Es kostet so wenig, einen Stapel Visitenkarten drucken zu lassen, doch für die Mitarbeiterin ist es ein riesengroßer Wert. Der »Trick« dahinter nennt sich Anerkennung. Echte Anerkennung.

Und jetzt kommt der Clou: Auf ihrer Visitenkarte stand als Titel »Gastgeberin«. Da stand nicht Servicekraft, Kaffeebringerin, Beamer-Anmacherin oder Flipchartblätter-Zurechtlegerin … sondern Gastgeberin. Genau das war das Ziel, das diese Dame verinnerlicht hatte. Sie fühlte ihr Ziel mit jeder Faser und füllte es vollkommen aus. Das Ergebnis: Jeder, der mit ihr zu tun hatte, fühlte sich wohl. Und sie hat das, was sie an dem Tag von Herzen gegeben hat, in Form von Lächeln, Freundlichkeit und Wertschätzung zurückbekommen. Ich liebe solche tollen Menschen!

Warum viele Unternehmen an dieser Stelle viel Geld verlieren

»Herr Stöcker, bitte helfen Sie uns bei unserem Weg«, höre ich oft, wenn ich als Unternehmensberater gebucht werde. Der Weg, du weißt es inzwischen, ist Schritt Nummer drei. Zuerst muss die Definition des Ist-Zustands und des Ziels erfolgen, danach kommt der Weg. Viele Kunden verwechseln diese Reihenfolge.

2.
ZIEL
3.
WEG
1.
IST

Wenn ich dann entgegne: »Wir helfen Ihnen gerne. Doch der Weg ist Schritt Nummer drei. Wir fangen bei Nummer eins (IST-Zustand) und zwei (ZIEL) an.« Dann höre ich oft als Antwort: »Nein, nein, helfen Sie uns bei unserem Weg. Eins und zwei sind noch nicht klar.«

Wir sprechen hier von Unternehmen mit Millionen- oder sogar Milliardenumsätzen!

Die meisten Unternehmen verlieren an diesem Punkt jedes Jahr viel Geld, Kraft und Motivation. Um uns auf den Weg zu machen, ist es unerlässlich, unseren Ist-Zustand und unser Ziel zu kennen. Umsatz und Gewinn sind dann die natürliche Folge von dem, was wir richtig machen.

Tipp am Rande: So sorgst du dafür, dass jedes Meeting effizient wird

Warst du schon mal in einem Meeting, das Stunden dauerte, aber gefühlt kein Ergebnis gebracht hat? Es gibt nichts Schlimmeres auf der Welt, oder? Ich persönlich betrete kein Meeting mehr, bei dem das Ziel nicht von vornherein klar ist.

Wir hinterfragen in vielen Dingen zu selten: Was ist das Ziel? Die meisten Menschen gehen in den Konferenzraum rein, kommen nach Stunden raus und sagen: »Gott, war das wieder unproduktiv.« Warum gehen sie denn überhaupt da rein? »Weil wir eingeladen wurden«, sagen sie. Worauf hatten sie den Fokus? Auf der Einladung, nicht auf dem Ziel!

Ich persönlich schreibe in jedem Meeting auf ein Flipchart das Ziel – und darunter nur drei Punkte. Mehr nicht. Alles andere hat auf dem Flipchart nichts zu suchen.

Ein konkretes Beispiel dazu: »Dirk, ich möchte mit dir über unseren Kunden reden«, sagte ein Unternehmer am Telefon zu mir. Er erkannte nicht, dass er gerade dabei war, das Ziel mit dem Weg – also Schritt 2 und 3 – zu verwechseln. Über den Kunden zu reden – das war der Weg. Was waren der Ist-Zustand und das Ziel?

»Dirk, wir haben einen neuen Kunden. Und wir haben jetzt demnächst ein Kick-off mit diesem Kunden (Ist-Zustand = 1). Ich möchte mit dir die ersten drei Schritte sprechen, die wir bei dem Kunden machen (Ziel = 2). Dazu muss ich mit dir über den Kunden reden (Weg = 3).«

Bemerkst du den Unterschied?

Bei diesem Beispiel würde ich also auf das Flipchart das Ziel (= Kick-off beim Kunden) schreiben und darunter drei Punkte für die ersten Schritte, die mit dem neuen Kunden gemacht werden müssen.

Oft kommt jemand daher und sagt: »Wir müssen aber auch noch über XY reden.« Dann frage ich: »Gehört das zu einem der drei Punkte? Passt das deiner Meinung nach dazu?« Meistens antwortet derjenige: »Nein. Dazu passt das nicht. Aber es ist auch wichtig!« Ich schlage in solchen Fällen vor, dass mir derjenige für dieses Thema eine eigene Termineinladung schickt. Damit ist mein Gegenüber in der Regel immer zufrieden. Doch die Einladung kam noch nie …

Dein persönlicher IST-Zustand: Wer bist du als Mensch und Unternehmen?

Ich sagte vorhin, dass starke Persönlichkeiten einen starken Verkauf ausmachen. Um die eigene Persönlichkeit zu entwickeln, ist die Beschäftigung mit dem persönlichen Ist-Zustand unerlässlich: Wer bin ich?

Vielen Menschen fällt dies schwer. Anderen ist es unangenehm, überhaupt darüber nachzudenken. Sie sagen: »Ach, das weiß ich schon alles. Machen wir weiter!«

Doch halt, dieser Punkt darf nicht übersprungen werden, sonst entwickelst du nicht dein volles Potenzial – weder als Mensch noch als Unternehmen.

Denk an das Navi: Ein Navi schätzt nicht, wo es ist. Es weiß exakt, wo es ist. Nur so kommst du für dich in die Klarheit.

Es gibt eine einfache Frage, mit der du herausfinden kannst, ob du dir über deinen Ist-Zustand schon im Klaren bist oder nicht. Die Frage lautet:

Wer bist du, wenn alle deine Rollen wegfallen?

Bei der Antwort hilft uns der Blick darauf, welche Rollen wir im täglichen Leben innehaben. Nehmen wir mein Beispiel:

Ich bin Verkaufstrainer.
Das ist nur eine Rolle.

Ich bin auch Unternehmer.
Das ist nur eine Rolle.

Ich bin Familienvater.
Das ist nur eine Rolle.

Ich bin Ehemann.
Ich bin Sportler.
...
Das sind alles Rollen.

Wie sieht es bei dir aus? Was sind deine Rollen? Und wer bist du, wenn all das wegfällt? Was ist es, was danach von dir *bleibt*? Wenn du das »Wer bin ich?« für dich definiert hast, dann bist du schon sehr nah an deinem Ist-Zustand dran. Und dann kommt dein Ziel.

Meine Empfehlung: Gib dir Zeit für diesen Prozess. Die Antworten kommen nicht immer sofort. Lass ihnen Raum und ziehe dich bewusst öfter zurück, um an den Antworten zu arbeiten.

Für das gemeinsame, professionelle Finetuning in geschütztem und inspirierendem Rahmen kommen viele Teilnehmer in unsere Masterclass. Über zwölf Monate hinweg werden die Teilnehmer dabei begleitet, ihren IST-Zustand und ihre Ziele klar aufzustellen, tiefer in die Reflexion zu kommen und damit an den Kern ihres Lebens. An das, was sie wirklich leben wollen.

Das Leben und Umsetzen, das ist der wahre Weg, und du wirst sehen, wie leicht dir der Weg und die Umsetzung fallen, wenn der Ist-Zustand und das Ziel klar sind. Denn dann ergibt sich der Weg von selbst.

Mein Freund Michael sagt immer: »I cross a bridge, when I come to it.« Das finde ich ziemlich genial. Die meisten Menschen diskutieren darüber, wie sie einen Fluss überqueren. Ich würde sagen: Mensch, sieh doch mal hin. Wenn da eine Brücke ist, geh über die Brücke. Und wenn dort eine Fähre ist, dann nimm die Fähre!

Was ist dein Ziel?

Natürlich nicht »Umsatz und Gewinn«, oder? Manche Menschen antworten mir auf diese Frage: »Mein Ziel ist es, sorgenfrei zu leben.« Doch da sind wir wieder bei Schritt drei, dem Weg. »Wann genau lebst du denn sorgenfrei?« Die Antwort auf diese Frage würde uns zum Ziel führen.

Ich bin ein großer Freund von Immobilien. Es gibt jedoch Menschen, die kaufen sich ein Haus, aber was sie eigentlich haben wollen, ist Freiheit. Durch den Hauskauf verschulden sie sich dermaßen, dass sie nicht mehr in Urlaub fahren können, weil sie ihre Annuität bezahlen müssen. Am Wochenende schneiden sie die Hecke und mähen den Rasen, während die Kumpels längst im Freibad sind. Wo ist denn da die Freiheit, die die Bausparkassen verkaufen?

Die Frage wäre sinnvoller so gestellt: Was bringt mir dieses Haus oder diese Wohnung? Was verbinde ich *wirklich* damit? Erreiche ich damit mein wahres Ziel?

Wenn wir uns bis über beide Ohren verschulden, dann haben wir keine Freiheit mehr, sondern das genaue Gegenteil. Wenn wir aber den Wert der Freiheit von vornherein in unsere Planung einbinden, dann kaufen wir mit hoher Wahrscheinlichkeit eine Immobilie, die zu uns passt. Und diese ist dann auch das richtige Ziel.

Hier noch zwei spannende und sehr hilfreiche Übungen, wenn du dich daran machen willst, herauszufinden, wer du wirklich bist und was du willst.

Der Trick bei den Übungen ist: Du stellst dir dein Lebensziel vor und malst dir ein Bild von deiner Zukunft. So kommst du automatisch ins Fühlen. Walt Disney hat einmal gesagt: »If you can dream it, you can do it.« Und genau darum sind diese Übungen so wunderschön. Ich wünsche dir viel Spaß dabei!

Übung 1: »Ich war erfolgreich, weil ...«

Stell dir vor, du bist 100+ Jahre alt und sitzt in einem großen Ohrensessel. Deine Enkel machen es sich um dich herum gemütlich, schauen dich mit großen Augen an und fragen neugierig: »Sag mal, Opa (Oma), warst du eigentlich erfolgreich?« Und du freust dich, ihnen antworten zu können: »Ja, klar. Ich war erfolgreich, weil ...«

Wie würde der Satz weitergehen? Was wäre deine Definition von Erfolg? Geht es nur ums Geld? Oder geht es vielmehr um die Frage: Was will ich hinterlassen? Was will ich bewirkt haben? Was will ich erlebt haben bis zu dem Tag, an dem ich diese Erde verlasse? Wie will ich mich dann fühlen?

Nimm dir Zeit für die Übung. Am besten eine Stunde oder auch mehr. Alles, was du brauchst, sind ein Stift und Papier. Sorge dafür, dass du völlig ungestört bist: kein Handy, kein Computer, keine anderen Ablenkungen. Nimm dir ein Lieblingsgetränk deiner Wahl und dann setz dich hin. Ich kann dir aus eigener Erfahrung sagen: Das ist Persönlichkeitsentwicklung pur!

Stelle dir ergänzend auch die beiden Fragen:

1. »Was denke ich?«
2. »Was fühle ich?«

Versuche, das eine mit dem anderen in Einklang zu bringen. So lernst du, wieder mehr ins Spüren hineinzukommen. Eine Eigenschaft, die vielen Menschen im Alltag regelmäßig abhandenkommt. Auch hier sind es oft unsere Denkmuster, die sich unserem Fühlen entgegenstellen und sagen: »Das darf nicht sein« oder »Ich weiß schon ganz genau, was du willst, lieber Kunde«.

Wenn du dich selbst bis in die Tiefe erforschst, dann macht dir im Leben wie im Verkauf niemand mehr was vor.

Die zweite Übung klingt auf den ersten Blick ein bisschen »spooky«, doch keine Sorge, sie ist es nicht. Ich möchte es dir ans Herz legen, sie ebenfalls zu machen, weil sie so wirkungsvoll ist.

Übung 2: Schreib deine Grabrede

Die eigene Grabrede zu schreiben, bringt uns auf eine interessante Meta-Ebene. Wir schauen von einer völlig ungewohnten Ebene auf unser Leben und fragen: Was möchte ich hinterlassen? Was will ich bewirkt haben? Was sollen die Menschen über mich erzählen?

Ich selbst habe in jungen Jahren angefangen, mich für Immobilien zu interessieren und in den Handel einzusteigen. Es kam der Zeitpunkt, an dem ich mehrere Immobilien besaß. Von außen sah das für manche Menschen eindrucksvoll aus. Meine Herausforderung war: Mehr hatte ich nicht zu bieten. Ich stellte mir vor, dass jemand in meiner Grabrede über mich sagen würde: »Er hatte 50 Immobilien.«

Das war's. Ende der Grabrede. Als ich das realisierte, hat es viel in mir bewegt. Daraufhin wurde ich sehr emotional und fragte mich, was das für ein Leben gewesen sein soll, wenn das schon alles gewesen wäre. Und 100 Immobilien würden die Grabrede nicht besser machen.

An dem Punkt fing ich an, mir Gedanken darüber zu machen, womit ich mein Leben sinnvoll füllen könnte.

Was ist das Ziel in deinem Navi? Was soll eines Tages in deiner Grabrede stehen?

Diese Antworten kann jeder nur für sich selbst finden. Gut ist, wenn du jemanden hast, der dir Fragen stellt. Wir alle brauchen von Zeit zu Zeit jemanden, der von außen auf unser Leben oder unser Unternehmen schaut und gemeinsam mit uns reflektiert. Jemand, der überraschende Fragen stellt und auch mal nachbohrt. Sonst ist das wie beim Selber-Kitzeln: Es funktioniert nicht. Und es macht nur halb so viel Spaß, wie wenn es jemand anderes macht.

Mach dein Ziel so groß, dass auch andere davon profitieren

Meine eigene Firmenvision spreche ich alle paar Jahre mit meinem besten Freund Michael durch. Er hinterfragt meine Vision knallhart. In solchen Gesprächen geht es bei uns immer richtig zur Sache. Wenn uns andere dabei zusehen würden, sie würden höchstwahrscheinlich nicht glauben, dass wir Freunde sind.

Ich erklärte Michael meine Firmenvision. Er sah mich an und stellte eine Frage: »Und mehr hast du nicht drauf?«

Ich verstand nicht, was er meinte. Meine Zahlen waren wirklich gut: »Das sind doch ambitionierte Zahlen«, sagte ich daher. »Das reicht mir.«

Michael zuckte nicht mal mit der Wimper. »Mehr hast du nicht drauf?«, fragte er wieder.

Ich war inzwischen sehr irritiert: »Hör mal, was willst du von mir? Dieses Ergebnis reicht mir.«

»Du Egoist. Mehr hast du nicht drauf?«

Da erst kapierte ich: Michael ging es überhaupt nicht um meine Zahlen. Er war dabei, den Sinn und Zweck meines Unternehmens zu hinterfragen!

Ich erklärte ihm daraufhin, dass wir als Unternehmen zehn Prozent vom Gewinn abgeben würden, um andere Projekte zu unterstützen.

Michael fragte: »Wo steht das mit den zehn Prozent? Wer sagt das?«

Ich dachte lange über seine Worte nach. Heute ist es meine Vision, 90 Prozent der Unternehmensgewinne abzugeben, damit wir die Welt ein kleines Stückchen besser machen können. Soll ich dir etwas sagen: Ich habe noch nie ein Ziel gehabt, das sich besser angefühlt hat!

Manche Menschen glauben, dass es unethisch sei, viel Geld zu verdienen. Meine Meinung dazu ist folgende:

Es ist völlig legitim, gutes Geld zu verdienen. Mach dein Unternehmen doch einfach so groß, dass möglichst viel für andere Menschen dabei herausspringt. Dann darfst du selbst auch in hohem Maße davon profitieren.

Kapitel 2
Wie entscheiden wir beim Kauf und warum scheitern Verkäufer daran?

Bewusst und unbewusst: Das Modell des Eisbergs

Wodurch genau entscheidet sich eigentlich, ob der Kunde bei uns kauft oder nicht? Das Modell des Eisbergs, das du vielleicht kennst, hilft uns, das bewusste sowie unbewusste Kaufverhalten unserer Kunden zu verstehen und das eine klar vom anderen zu unterscheiden.

Der bewusste Teil liegt über der Wasseroberfläche. Er wird von der Ration (unserem Verstand) gesteuert. Der unbewusste Teil liegt unter der Wasseroberfläche. Er wird über unsere Emotionen (unser Herz) gesteuert und ist viel größer als der bewusste Teil.

»Standardverkäufer« (die wir nicht sind) schaffen es nur, in den oberen Bereich zu kommen: Sie machen im Kundengespräch mit schöner Regelmäßigkeit den Erklärbären, d. h. sie bombardieren ihren Kunden mit Aussagen und einer Liste von Eigenschaften ihres Produkts. Doch mit Aussagen und Eigenschaften erreichen wir weder den bewussten noch den unbewussten Teil! Das Ergebnis: Wir erreichen nicht das, was wir wollen. Und wir erreichen auch den Kunden nicht.

Ich gebe dir hier ein Beispiel, das sich vielleicht auf den ersten Blick krass anhört. Im Seminar frage ich immer zuerst, ob ich die Geschichte erzählen darf. Es geht um das Thema Depressionen, eine Krankheit, vor der ich, das ist mir wichtig zu sagen, hohen Respekt habe.

Stellen wir uns kurz vor, du leidest an Depressionen und liegst beim Psychiater auf der Ledercouch.

Der Psychiater fragt dich: »Wie kann ich Ihnen helfen?«

Du antwortest: »Herr Doktor, ich bin depressiv.«

Er sagt zu dir: »Hören Sie auf, eine Depression macht keinen Sinn.«

Das ist eine Aussage. Und sie ist wahr, oder? Der Punkt ist aber: Er hat uns damit nicht geholfen. Im normalen Leben würde natürlich kein Psychiater diesen Satz sagen. Was macht er stattdessen?

Er stellt Fragen: »Wie geht es Ihnen? Wie fühlen Sie sich? Was macht das mit Ihnen? …«

Seine Fragen helfen uns. Denn durch sie kommen wir in die Reflexion. Wir denken nach und sagen irgendwann zu uns selbst: »Ok, eigentlich macht die Depression keinen Sinn.«

Unsere eigene Erkenntnis ist um ein Vielfaches wirksamer, als wenn der Psychiater sie uns auf den Kopf zugesagt hätte, stimmt's? Das ist es, was ich dir an diesem Beispiel zeigen wollte.

Der Mensch kann sich allem widersetzen, nur nicht dem, was er selbst gesagt hat.

Dieser Aspekt ist sehr mächtig und wird von den allermeisten Verkäufern vernachlässigt. Sie gehen nur in den oberen Bereich des Eisbergs (über der Wasseroberfläche) und helfen ihren Kunden nicht – oder nur ganz minimal – dabei, *unter* die Oberfläche zu kommen. Dahin, wo das eigentliche Gold liegt. Das, was der Kunde wirklich will und braucht. In diese Tiefe unter der Wasseroberfläche kommen wir nur über Fragen und niemals über Aussagen, unabhängig davon, wie sehr wir den Kunden damit bombardieren.

Henry Ford hat einmal gesagt: »Wenn ich die Menschen gefragt hätte, was sie hätten haben wollen, dann hätten sie gesagt: schnellere Pferde.« Das Auto haben die Menschen damals nicht vermisst. Logisch, denn wir können nicht vermissen, was wir nicht kennen. Die Gedankenwelt hat damals noch nicht ausgereicht zu der Frage, welche Alternativen es zu Pferden geben könnte. Diejenigen von uns, die **über 30 Jahre alt** sind, haben Smartphones und Tablets früher auch nicht vermisst. Es gab sie einfach noch nicht. Unsere Kinder sind damit groß geworden. Wenn du heute jemandem das Handy wegnehmen wolltest, dann würde er vollkommen entsetzt sagen: »Meine Frau und meine Kinder kannst du haben, aber nimm mir bloß nicht das Handy weg!« (Sinngemäß natürlich nur.)

Tamagotchis habe ich früher auch nicht vermisst. Dann kamen sie auf den Markt – und wehe, so ein Ding starb, weil die Batterien leer waren oder weil es nicht gefüttert wurde. Die Leute haben geheult!

All das verbirgt sich im unbewussten Bereich – in den 90 Prozent, die wir nicht sehen und die dennoch immer mitschwingen. Darum ist das Modell des Eisbergs so wirksam und mächtig.

Die meisten Menschen starren nur auf das, was sie sehen (die zehn Prozent über der Wasseroberfläche). Sie schauen auf den grünen Punkt und sehen den gesamten Rest nicht. So schauen die meisten Verkäufer auch nur auf das, was auf der Oberfläche ist (das, was der Kunde mir sagt). Doch darum geht es nicht.

Ein Kellner, der nur auf die Oberfläche schaut, antwortet mir auf die Frage »Warum kommen die Leute zu dir ins Restaurant?«: »Weil sie Hunger haben.«

»Woher weißt du das?«

»Na, die bestellen alle was zu essen.«

Pure Oberfläche! Ins Restaurant geht ein Mensch, weil er ein Erlebnis haben will. Und nebenbei zu essen und satt zu werden, das wäre auch ganz schön.

Wie du den unbewussten Bedarf ermittelst

In Unternehmen mit 100 bis 10.000 Mitarbeitern zeigt sich mir als Berater immer das gleiche Problem: Als Fremdgeschäftsführer kannst du dich, wenn du Ängste, Sorgen oder Nöte hast, nicht mit den Gesellschaftern auf der Ebene über dir austauschen. Es besteht die Gefahr, dass die direkt denken, du hättest das Unternehmen nicht im Griff. Du kannst dich aber auch nicht mit den Leuten auf der Ebene unter dir austauschen, denn sonst fragen die sich: Weiß der Chef überhaupt, wo es langgeht?

Auch im privaten Bereich, in sportlichen oder schulischen Verbänden und Vereinen, findest du niemanden, mit dem du dich über das, was dich wirklich bewegt, austauschen kannst. »It's lonely at the top.« Solche Sprüche rühren genau daher.

Ich stelle immer wieder fest: Menschen, die auf der Ebene eines Geschäftsführers, Fremdgeschäftsführers oder Inhabers arbeiten, verspüren eine große Sehnsucht nach Austausch. Doch diese Sehnsucht ist ihnen nicht bewusst. Sie ist, wie so vieles, unter der Oberfläche verborgen. Und wir sagen dann allzu schnell: »Gibt es nicht« oder »Es ist, wie es ist«. Selbst kommen wir auch nicht daran. Es braucht eine andere Person, einen Spiegel, der uns bei der Reflexion hilft – so wie mein Freund Michael es bei mir tut.

Wenn ich in solchen Situationen frage: »Herr Geschäftsführer, mit wem tauschen Sie sich eigentlich mal aus, wenn Sie Sorgen, Probleme oder Nöte haben?«

Dann sagt derjenige meistens: »Das ist schwer, Herr Stöcker.«

»Ist so etwas denn sinnvoll?«, frage ich weiter.

»Na klar, ich muss das ja auch mal durchreflektieren«, lautet die Antwort.

»Mal angenommen, da gäbe es etwas, einen Rahmen, in dem Sie sich auf Augenhöhe austauschen und sicher sein **könnten, dass keine Information aus dem Raum** hinausgeht und es Ihnen gleichzeitig weiterhilft, wäre das interessant für Sie?«

Die Begeisterung daraufhin ist jedes Mal förmlich spürbar. Aus dem Grund biete ich den Unternehmern, für die ich tätig bin, unsere »Beiratsmandate« an. Das bedeutet: Ich gehe als Beirat mit in das Unternehmen hinein. Der Unterschied zu einem Aufsichtsrat, den es z. B. bei einer AG gibt, besteht darin, dass der Beirat dem

Unternehmer keine Vorschriften machen darf, sondern als Sparringspartner fungiert. Dabei gehen wir richtig ans Eingemachte, wir verändern etwas im Unternehmen. Ich könnte es auch so sagen: 80 Prozent der Arbeit besteht aus Psychologie – und mit den restlichen 20 Prozent lassen wir die Kuh fliegen. Meistens erhalte ich im Anschluss daran auch den Auftrag, die Verkaufstrainings für dieses Unternehmen durchzuführen.

Warum erzähle ich dir das? Weil ein Unternehmer mich nie von sich aus fragen **würde,** ob ich mir vorstellen könnte, als Beirat für ihn tätig sein kann.

Finde heraus, was dein Kunde wirklich will und braucht. Wie findest du es heraus? Durch Fragen.

Als ich einem Kollegen davon berichtete, war seine spontane Reaktion: »So ein Schwachsinn. Das will doch kein Mensch!«

»Oh, interessant, wie kommst du darauf?«, wollte ich wissen.

Er sagte: »Bei mir hat noch nie einer angerufen und gesagt: ›Ich will zu 80 Prozent einen Psychologen und zu 20 Prozent einen, der mit mir die Kuh fliegen lässt!‹«

Ich antwortete ihm: **»So gesehen** hast du recht. Dann funktioniert es **für dich auch nicht.«** Mehr gab es an der Stelle nicht hinzuzufügen.

Es gibt dazu einen schönen Satz, den du dir merken kannst: »Das meiste Geld verdienst du mit Dingen, die dein Kunde braucht, aber noch nicht weiß, dass es sie bei dir zu kaufen gibt.«

Dem Kunden sind alle diese Dinge oft selbst nicht bewusst. Dafür braucht er dich. Und weil es mir wirklich am Herzen liegt, dass du den Eisberg für dich verinnerlichst und hoffentlich in Zukunft sehr erfolgreich anwendest, abschließend noch ein Beispiel dazu. Du musst hierzu wissen: In unserem Unternehmen tri*up* nehmen wir keinen Auftrag an, wenn wir nicht zu 100 Prozent sicher sind, dass wir dem Kunden einen Vorteil bringen können.

In diesem Fall ging es um einen großen Automobilkonzern, der mir bereits den Auftrag für einen Motivationsvortrag erteilt hatte. Der CEO hatte mich auf meinem YouTube-Kanal gesehen, meine Art, zu Menschen zu sprechen, hatte ihm gefallen und die Buchung war bereits erfolgt. Im persönlichen Gespräch zur Vorbereitung, bei dem auch der Vorstand anwesend war, fragte ich ihn, warum er denn glaube, dass er einen Motivationsvortrag bräuchte (= Ist-Zustand und Ziel!).

»Ja, wissen Sie, Herr Stöcker, unsere Veranstaltungen[1] wurden in den letzten Jahren immer schlimmer.«

Ich fragte mich, was das genau bedeutete.

»Von Jahr zu Jahr üben die Verkäufer mehr Druck auf uns aus und wir wissen, dass sie sich schon gegen uns formieren, um diesmal gegen uns zu schießen.«

In dem Moment wurde mir klar: Der Mann wollte gar keinen Motivationsvortrag. Der wollte eine Firewall haben, jemanden, der die ersten Tomaten abfängt! Er wollte sich das Gefühl der Sicherheit für die Veranstaltung kaufen – keinen Motivationsvortrag. Die Sache war aber die: Wenn er nach meinem Vortrag auf die Bühne gegangen wäre und seinen Leuten gesagt hätte: »Ihr seid ziemlich faul« (und das hatte er vor, nur in anderen Worten), dann wäre die ganze Veranstaltung trotzdem ein Flop gewesen. Motivation hin oder her. Ich fragte ihn daher: »Sind Sie offen für Veränderung?«

Anfangs war er es nicht. Ich sagte: »Wissen Sie, Albert Einstein hat einmal gesagt: ›Immer die gleichen Dinge zu tun und andere Ergebnisse zu erwarten, ist die Definition von Wahnsinn.‹«

---

1 Anmerkung: Bei den Veranstaltungen handelte es sich um die Treffen der besten Verkäufer der Händler (also Kunden) aus diesem Unternehmen.

Das brachte ihn zum Nachdenken und ich sprach ganz offen zu ihm weiter: »Meine Frage an Sie: Möchten Sie grundlegend etwas anders machen, damit wir andere Ergebnisse erzielen?«

Und darauf hat er sich dann eingelassen. Als wir bei der tieferen Analyse der Fehlerquellen angekommen waren, sagte er: »Übrigens, die Verkäufer sind ohnehin alle faul« und »Unsere Produkte haben nichts Emotionales«.

Ich wusste ab dem Moment, dass ich die Fehlerquelle schon mal gefunden hatte. In seiner gesamten Ansprache an die Verkäufer, die er vor versammelter Mannschaft halten wollte, hatte er diese Einstellung übermittelt. Dass das so nicht funktionieren konnte bzw. die Verkäufer nicht zu anderen Ergebnissen motivieren würde, war klar. Gemeinsam gingen wir seine Ansprache Satz für Satz durch, modifizierten stellenweise etwas – und hatten am Ende eine geniale Veranstaltung, die nicht besser hätte laufen können.

Auch an diesem Beispiel siehst du, dass der Kunde nicht wirklich wusste, was er brauchte. Er hat mehr bekommen als nur einen Motivationsvortrag für Verkäufer.

Mein Tipp:
Habe Mut, die richtigen Fragen zu stellen.

Emotional oder rational: Wie entscheiden deine Kunden?

Im Seminar lasse ich die Teilnehmer eine Liste erstellen mit fünf Gründen, warum der Kunde nicht kauft. Diese Liste sieht dann zum Beispiel so aus.

Fünf Gründe, warum Kunden nicht kaufen:

1. Zu hoher Preis
2. Ungenügende Qualität
3. Verkäufer nicht sympathisch
4. Kein Nutzen
5. Zu lange Lieferzeit

Was denkst du: Sind diese fünf Gründe eher rationaler oder emotionaler Natur?

Pausiere an dieser Stelle kurz mit Weiterlesen und schreibe ein großes E vor die Punkte, die du für emotional hältst, und ein großes R vor diejenigen, die du für rational hältst. Sobald du dein Ergebnis hast, lies weiter.

Im Seminar gehen wir die Liste gemeinsam mit den Teilnehmern durch. Das Thema Preis halten viele für rational. Aber ist das wirklich so? Der Preis ist letztlich nichts anderes als eine Abkürzung für »Preis-Leistungs-Verhältnis«. Und was ich als Kunde als Leistung empfinde, das ist zutiefst emotional. Wäre es rational, würden alle das Gleiche unter Leistung verstehen. Tun sie aber nicht.

Ein Beispiel aus unserem Unternehmensalltag: Wir arbeiten mit zwei externen Dienstleistern zusammen. Der eine setzt viel mehr für uns um, als er uns verkauft hat. Das muss er auch, weil er seinen Aufwand am Anfang nicht richtig spezifiziert hat. Mit diesem Menschen ist alles schwierig. Ich stöhne schon, wenn ich nur weiß, dass ich ihn kontaktieren muss.

Die zweite Dienstleisterin macht es mir leicht. Wenn ich einen Wunsch habe oder etwas geändert haben möchte, dann sagt sie: »Klar, kein Problem. Ich schaue noch mal darüber und melde mich bald.« Mit welchem Dienstleister geht es mir emotional besser? Ganz klar mit der zweiten Person, oder? Die Emotion, die ich bei ihr habe, lautet »stressfrei«.

Was wir als Leistung empfinden, ist zutiefst emotional. Angesichts dessen ist auch der Preis, der in Bezug zu dieser Leistung steht, zutiefst emotional. Preis-Leistung gehört immer zusammen.

Herausfordernd für uns als Verkäufer wird es dann, wenn unsere Kunden nur noch den Preis sehen und nichts anderes mehr. Dann ist es unsere Aufgabe, ihren Fokus auf das zu lenken, was unser Produkt zu bieten hat.

Das folgende Beispiel verdeutlicht uns dies.

Der grüne Punkt: Was siehst du?

Wenn ich mit einem grünen Stift einen Punkt auf ein Flipchart male und meine Teilnehmer frage: »Was siehst du?«, dann kommt als Antwort: »Einen Punkt.«

Ich frage noch mal: »Was siehst du?«

»Einen grünen Punkt.«

Ich frage weiter: »Was siehst du?«

Jetzt erst kommt: »Einen grünen Punkt. Und viel weiße Fläche.«

»Was überwiegt?«

»Die weiße Fläche.«

»Was hast du zuerst gesehen?«

»Den grünen Punkt.«

»Wieso?«

Hier wissen die Teilnehmer meist keine Antwort. Sie glauben, es sei einfach passiert, dass sie den Punkt als Erstes gesehen haben. In Wirklichkeit habe ich sie manipuliert, und das kläre ich auch sofort auf. Ich habe bei der Frage »Was siehst du?« kurz mit meinem Stift auf den grünen Punkt gedeutet. Dieser Moment, der nicht mal eine Sekunde lang gedauert hat, hat ihren Fokus gelenkt. Das passiert jeden Tag mit uns. Wir werden gesteuert und wir steuern andere Menschen – und zwar hoffentlich im positiven Sinne. Alles andere liegt mir fern.

Vielleicht hast du es selbst schon erlebt: Wenn eine Situation schwierig oder herausfordernd ist, dann schauen wir meist nur auf das, was nicht funktioniert.

Ein Kunde von uns ist ein IT-Unternehmen, das sich richtig ins Zeug legt für seine Mitarbeiter. Die Küche dort ist sehr hochwertig und mit allem ausgestattet, was man sich wünschen kann. Aus der Kaffeemaschine kommt kein Kaffee, sondern pure Erotik mit Geschmack. Jeden Tag gibt es frisches Obst. Alles ist für die Mitarbeiter kostenlos. An einem Tag jedoch waren keine Bananen da. Da rannte doch tatsächlich ein Mitarbeiter zum Management und beschwerte sich: »Es sind keine Bananen da!« Damit machst du dir Freunde …

Weiße Fläche, grüner Punkt. Dieser Mitarbeiter sieht nicht mehr, was *da* ist. Er sieht nur noch, was fehlt. Als ich das miterlebte, stellte ich mir innerlich die Frage, ob sich von den Mitarbeitern schon mal jemand beim Chef dafür bedankt hat, dass jeden Tag frisches Obst da ist? Genau hier fängt unsere Aufgabe als Verkäufer an. Fragt ein Kunde im Gespräch: »Und der Preis?« Dann lassen die meisten Verkäufer bereits die Discounts purzeln. Wieso? Weil sie, gelenkt durch diese Frage, auch nur noch den grünen Punkt sehen – in diesem Falle den Preis.

Beim letzten Autokauf wollte ich den Verkäufer auf der anderen Seite testen (eine kleine Berufskrankheit von mir). Ich muss dazu sagen: Er war von Anfang an nicht menschenorientiert. In solchen Momenten gehe ich dann schon mal aufs Ganze. Er nannte mir den Preis für den Wagen und ich sagte: »Das liegt außerhalb des Budgets.« Was passierte dadurch: Ich machte mein Problem (zu hoher Preis) zu seinem Problem. Meine Absicht war: Ich wollte ihn auf den grünen Punkt fokussieren.

Jeder, der ein Unternehmen hat oder auch nur ein kleines bisschen davon versteht, weiß, dass die Fahrzeugkosten vergleichsweise klein sind, gemessen an den sonstigen Ausgaben. Ich als Inhaber hätte das Budget für den neuen Wagen auch einfach etwas höherschrauben und mir das teurere Modell leisten können. Doch, wie zuvor erwähnt, ich wollte sehen, wie dieser Verkäufer reagierte. Er kannte meinen IST-Zustand nicht. Sein Fehler war, er machte sich auch keine Mühe, ihn überhaupt zu erfragen.

Er sagte: »Da kann ich nichts machen.«

Ich fragte: »Wer dann?«

»Mein Chef.«

»Super, ich warte.«

Kurze Zeit später rief mich der Verkäufer wieder zurück. Er hatte offensichtlich mit seinem Chef gesprochen. »Ja, wir machen das. Wir kommen Ihnen mit dem Preis entgegen.«

Mir wurde bewusst, dass ich nie arbeitslos werden würde, solange es solche Verkäufer gibt. Ich konnte förmlich spüren, dass er hoffte, damit den Auftrag zu bekommen. Aber wir hatten noch nicht über Winterreifen geredet … und Winterreifen gehören auf Felgen …

Ende vom Lied: Die Winterreifen und die Felgen waren hinterher auch noch mit dabei. Genauso wie die Fußmatten und der Schlüsselanhänger. Den Handyhalter hätte ich auch noch herausholen können, wenn ich gewollt hätte. Ich habe tatsächlich aber den Adapter für mein iPhone rausgehandelt.

Verkäufer, wie dieser Mann einer war, gehen hinterher zu ihrem Chef und sagen: »Ich musste ja im Preis heruntergehen.« Nein. Hätte er nicht. Jede andere Marke hat auch vier Räder und eine bestimmte Zahl an PS. Aber ich wollte diesen Wagen.

Verschiebe den Fokus!

Wenn wir uns als Verkäufer so steuern lassen, wie ich es bewusst mit diesem Verkäufer getan habe, was passiert dann? Wir verlieren unsere Souveränität. Wir tun alles, um den Preis und das Produkt auf den Kunden hin anzupassen, anstatt bei uns zu bleiben und den Blick des Kunden auf die Leistung zu richten. Auf die weiße Fläche.

Bleibe bei dir und frage dich: »Geht es hier gerade um den grünen Punkt oder um die weiße Fläche?«

Wenn der Kunde sagt: »Das ist aber ziemlich teuer, Herr Stöcker«, und damit über den Preis (grüner Punkt) spricht, ist es *meine* Aufgabe, seinen Fokus auf die Leistung (weiße Fläche) zu bringen.

Wie funktioniert das? Indem du zum Beispiel sagst: »Und Sie fragen sich jetzt wahrscheinlich, was Sie für eine Leistung bekommen, oder?« Denn letztlich geht es ja um Preis und Leistung.

»Herr Kunde, und wenn es für Sie in Ordnung ist, dann würde ich Sie gerne durch ein paar Fragen führen und wir schauen mal, ob die Leistung für Sie passt, ok?«

Schwups, schon seid ihr bei der Leistung und der Preis ist Nebensache. Es ist tatsächlich so einfach.

Gerade als Dienstleister ist es wichtig, JEDEN Punkt deiner Leistung nach oben zu bringen und dann auch wirklich zu verkaufen. Und Leistung ist nur das, was dein Kunde auch als Leistung empfindet. Vielleicht weiß der Kunde das am Anfang noch nicht (= unterer Teil des Eisbergs)! Wenn die Leistung groß genug ist, spielt der Preis keine Rolle. Denk an die Produkte großer Marken. Mit der entsprechenden Emotionalität schaffen Firmen wie *Apple* und andere es, den Preis für Handys auf vierstellige Beträge festzulegen.

Daher verschiebe bei Preisgesprächen immer den Fokus deines Kunden vom Preis auf die Leistung.

Kommen wir jetzt wieder zurück der Frage: Emotional oder rational? Einmal hatte ich im Seminar eine Teilnehmergruppe von Technikern, die alle älter als 60 waren. Bei diesen Herren war alles rational, einfach alles. Als wir uns dem Punkt Sympathie näherten, dachte ich: »Gleich wird es leicht.«

Doch einer der Teilnehmer, ein rheinisches Urgestein, meinte ganz ungerührt: »Sympathie? Ganz klar rational.«

Ich sagte: »Ok, kannst du das begründen?«

Ohne zu zögern, antwortete er: »Wenn isch sage, dat is'n Arschloch, dann is dat'n Arschloch. Dann hat dat nix mit Emotionen zu tun!«

Es dauerte in diesem Seminar ein bisschen länger als sonst, doch auch diese Herren erkannten, dass Sympathie in ihrem Ursprung etwas zutiefst Emotionales ist. Auf diese Weise kannst du alle Punkte auf deiner eigenen Liste »Warum meine Kunden nicht kaufen« durchgehen und du wirst bemerken:

Wir kaufen emotional, aber wir begründen rational.

Das Gute ist: Auf ein Gefühl können wir als Verkäufer eingehen und es behandeln. Immer. Wenn jemand also in Zukunft zu dir sagt: »Das ist aber ziemlich teuer«, dann antwortest du eben nicht mehr (wie die meisten Verkäufer) mit »Ja, das ist es aber auch wert!«, sondern du bleibst ganz ruhig und erwiderst: »Und Sie fragen sich jetzt wahrscheinlich, was Sie dafür bekommen, oder?« Damit bist du bei der Leistung – und somit im emotionalen Bereich. Das Tolle daran ist: Wenn du so reagierst, dann denkt dein Kunde, dass es stimmt. Und an der Stelle kann euer Gespräch weitergehen. Im Grunde will dein Kunde nur wissen, was er für sein Geld bekommt (Emotion + Sicherheit), nicht mehr und nicht weniger! Es ist *deine* Aufgabe als Verkäufer, ihm das so verständlich wie möglich rüberzubringen. Wenn die Leistung hinter deinem Produkt stimmt, dann ist deinem Kunden dein Produkt jeden Cent wert.

Zu wissen, was der Kunde denkt und fühlt sowie seinen wahren Bedarf zu ermitteln – das ist werteorientiertes und menschengerechtes Verkaufen.

Auf diese Weise betrachtet sind auch die Punkte *Qualität* und *Lieferzeit* etwas, das wir emotional beurteilen. Kann ich als Kunde neun

Monate auf ein Auto warten, weil ich genau dieses Modell haben will? In der Regel schon. Warten wir wochen- oder monatelang auf einen bestimmten Arzt, weil er der Spezialist und der Beste auf seinem Gebiet ist? Natürlich tun wir das. Führe dir das immer wieder vor Augen und lass dich nicht in die Preisdebatte hineinziehen.

Die eine Frage, die deinen Kalender entstresst

Viele Verkäufer kennen es, dass ein potenzieller Kunde anruft und sagt: »Ich brauche Ihr Angebot heute noch.« Das macht nervös, denn unser Tag ist in der Regel komplett dicht. Und die kommenden Tage genauso. Ich kenne solche Momente aus der Vergangenheit gut. Sie machen unnötigen Druck. Inzwischen stelle ich ein paar einfache Fragen, die diesen Druck gar nicht erst entstehen lassen.

Ich: »Wann entscheiden Sie denn?«

Kunde: »In drei Wochen.«

Ich: »In Ordnung, helfen Sie mir, es kurz zu verstehen. Was ist der Hintergrund, warum Sie das Angebot heute noch brauchen?«

Kunde: »Ich wollte es gedanklich aus dem Kopf haben.«

Ich: »Ok, das bedeutet, Sie möchten sich das Thema nicht auf Wiedervorlage legen?«

Kunde: »Ja, genau.«

Und jetzt merke dir die folgende Frage. Ich: »Mal angenommen, Sie könnten sich zu 100 Prozent auf uns verlassen, würde Ihnen dann Freitag auch reichen?«

Kunde: »Ja, klar.«

Prima. Du sicherst ihm das Angebot bis Freitag zu und hast genügend Zeit, um es in Ruhe fertigzustellen. Sehr einfach, oder? Ein paar kurze Fragen und du hast ein entspanntes Leben!

Übrigens: Dein Gegenüber bekommt dadurch verstärkt das Gefühl, dass du dein Business im Griff hast. Du steigst in seinem Ansehen. Dabei hast du nichts anderes gemacht, als kurz seinen IST-Zustand zu verstehen.

»Wie cool ist das denn?«, denkst du jetzt vielleicht. In der Tat: So einfach kann es sein, wenn wir die alten Denkmuster über Bord geworfen haben!

Der Kauf einer Waschmaschine – rational oder emotional?

Und was ist mit scheinbar unemotionalen Dingen, wie zum Beispiel einer Waschmaschine? Man könnte meinen: Wenn meine Waschmaschine kaputt ist, brauche ich eine neue, sonst kann ich keine Wäsche waschen. Klingt nach rational, oder? In großen Teilen ist es das auch. Wir wollen ein Gerät haben, das unsere Wäsche schnell und sauber wäscht und dabei im besten Fall noch Strom spart.

Doch jetzt kommt der Punkt: Welches Gerät wir kaufen und wo wir es kaufen, ist eine emotionale Entscheidung. Denn die Auswahl auf dem Markt ist riesig. Und technisch sind sich die meisten Geräte heutzutage sehr ähnlich.

»Nehmen Sie die Miele«, sagte der Verkäufer zu meiner Frau und mir. »Heben Sie mal die Miele hoch und im Vergleich dazu die AEG. Da merken Sie einen Riesenunterschied!«

Ich verstand seine Argumentation nicht. Seit wann hat das Gewicht etwas mit Qualität zu tun? Außerdem hatte ich keine Lust, einen Betonklotz in unseren Keller zu tragen – dorthin, wo Waschmaschinen normalerweise stehen.

Der Verkäufer sah mein fragendes Gesicht und meinte: »Die Miele hält locker 50 Prozent länger.«

Daraufhin meinte ich: »Sie kostet das Doppelte.«

Gekauft habe ich das andere Produkt.

Was war hier passiert? Ich hatte den NUTZEN des ersten Gerätes nicht erkannt und mich deshalb für das andere Gerät entschieden. Das bedeutet nicht, dass der Nutzen nicht da ist. Ich habe ihn nur nicht verstanden. Auch hier liegt die Aufgabe bei uns als Verkäufer. Wie stellst du sicher, dass dein Kunde deinen Nutzen auch versteht?

Wir Kunden wollen es nicht schwer haben. Wir brauchen ein Produkt oder eine Lösung für ein Problem, und die muss einfach und klar verständlich sein. Produkte, die dies schaffen, haben gegenüber dem Wettbewerb immer einen Vorteil. Ganz egal, wie teuer sie sind.

Zu viel Rabatt bewirkt das Gegenteil

Noch einmal zum Thema Preis, weil es so wichtig ist. Stell dir vor, ein Einkäufer aus einem großen Unternehmen braucht eine ganz bestimmte Maschine. Er ruft einen Händler an, der genau diese Maschine verkauft. Wie viel Prozent Discount muss der Verkäufer dieser Maschine dem Einkäufer, der ziemlichen Zeitdruck hat, geben? Null.

Nun ist dieser Einkäufer aber ein sehr erfahrener Einkäufer und holt 30 Prozent heraus. Ich frage dich: Haben dieser Einkäufer und der Verkäufer danach eine gute oder eine schlechte Beziehung? Eine schlechte. Warum? Weil der Einkäufer das Gefühl hat, von Anfang an bei dem viel höheren Preis über den Tisch gezogen worden zu sein. Und der Verkäufer – hat sein Gesicht verloren. Ist es das, was wir wirklich wollen?

Manchmal lässt das Thema Emotionalisierung den Preis für ein Produkt bis ins Absurde steigen. Auch hier stellt sich die Frage: Wo ist die Grenze? Und wer bestimmt das?

Die Flasche Wasser für 1.000 Euro

In einem guten Versorgungsgebiet, also nicht in der Wüste, kostet eine Flasche Wasser um die 50 Cent. Verkaufe ich sie in einem Kiosk, dann bekomme ich zwei oder drei Euro dafür. Emotionalisiere ich die gleiche Flasche Wasser stärker und gebe sie in ein Restaurant, bekomme ich schon fünf Euro dafür. In einem Spitzen-Restaurant bekomme ich sogar zehn oder zwölf Euro für diese Flasche Wasser, an der sich nichts verändert hat. Denkst du, es ist möglich, noch mehr dafür zu bekommen? Sagen wir: 1.000 Euro?

Stell dir vor, ich könnte nachweisen, Sir Elton John höchstpersönlich hätte diese Flasche bei seiner letzten Tournee dabeigehabt. Er hätte sie mit seinen Lippen benetzt und sie auf der Rückseite handsigniert. Bekomme ich die Flasche jetzt für 1.000 Euro verkauft? Höchstwahrscheinlich. Es gibt Menschen, die geben dafür Geld aus. So läuft Emotionalisierung. Und es ist immer noch nur diese eine Flasche Wasser.

Wo bewegst du dich? Wie stark sind deine Angebote schon emotionalisiert? Wie sehr schaffst du es, deine Marke und alles, was darin steckt, so sichtbar zu machen, dass andere Menschen es spüren? Und zwar so stark, dass sie den tieferen Wert deiner Arbeit erkennen und sagen: »Das will ich unbedingt haben!«

Denk an die Waschmaschine: Es ist nicht die Aufgabe deines Kunden, den Wert und den Nutzen deiner Angebote herauszufinden. Es ist deine Aufgabe, es ihn spüren zu lassen.

Merke dir die 98-5-Formel:
Deine Kunden kaufen zu 98 Prozent aus emotionalen Gründen und nur zu fünf Prozent aus rationalen Gründen.

Jetzt denkst du: »98 plus 5 ergibt aber nicht 100.«

Stimmt. Muss es auch nicht. Denn der Gegenspieler des Rationalen ist nicht das Emotionale, sondern das Irrationale. Doch um das Irrationale geht es uns hier nicht. Daher muss die Gleichung in diesem Falle nicht 100 Prozent ergeben.

PS: Im Verkauf gibt es keine 100 Prozent.

Egal, wie gekonnt du alles anwendest, was du in diesem Buch von mir an die Hand bekommst: Es wird immer Kunden geben, die du nicht begeistern kannst. Aber du kannst den Prozentsatz massiv steigern, indem du dich auf die richtigen Dinge fokussierst und indem du deine Wirkung entsprechend erhöhst. Versuche daher immer, so viele Menschen wie möglich zu begeistern.

Wie du die Preisdebatte ein für alle Mal beendest

Hier noch ein persönlicher Tipp für den Fall, dass du die Preisdebatte abkürzen willst. Nimm an, dein potenzieller Kunde sagt zu dir: »Ihr Wettbewerber ist aber günstiger.«

Dann antwortest du ganz ruhig und gelassen: »Ja, das höre ich öfter. Müssen die auch.«

An der Stelle machst du eine Pause und hältst den Mund. Es ist wichtig, dass du nichts mehr hinzufügst. Wer jetzt zuerst redet, hat verloren! Was glaubst du, wie denkt dein Kunde jetzt über dich und deinen Preis?

Wichtig ist auch, *wie* du es sagst: Der Satz sollte auf keinen Fall arrogant klingen, sondern mit einem gewissen Standing rüberkommen und zum Beispiel von einem freundlichen Zwinkern begleitet werden.

Ein Beispiel aus dem Privaten: Wenn sich meine Frau ein neues Kleid kauft und mich fragt, wie ich es finde, und ich sage zwar »Super«, strahle aber dabei nicht, sondern wirke eher unbeteiligt und wenig begeistert, dann hat mein »Super« nicht die Wirkung, die meine Frau sich wünscht. Selbst wenn ich mehrfach betone: »Ich habe doch ›super‹ gesagt!«, dann will sie das nicht hören. An dem Wochenende läuft dann nichts mehr – außer vielleicht meine Nase.

Wie wir etwas sagen, hat oft mehr Bedeutung als das, was wir sagen.

Der Turbo-Booster im Business und im Verkauf

Was haben die teuersten Unternehmen dieser Welt, wie *Google*, *Amazon*, *Apple* und *Tesla*, gemeinsam? Ihre Produkte sind komplett verschieden. Doch was sie ihren Kunden auf der ganzen Welt bieten, sind Leichtigkeit und Stressfreiheit.

Wie einfach ist *Google* zu bedienen? Sehr einfach. Es gibt nur eine Spalte. Ein Schimpanse würde verstehen, wie *Google* funktioniert, wenn man es ihm beibringen würde. Auch *Amazon*, der Online-Händler für fast alles, verkauft Stressfreiheit pur. Und versuche mal spaßeshalber, bei *Apple* ein Notebook zu kaufen. Du brauchst höchstens zwei Minuten dafür. Zwei Minuten – und auf deiner Kreditkarte sind 4.000 Euro belastet.

Wenn du dir einen Windowsrechner anschaust, musst du erst überlegen: Ist der i5-Prozessor mit acht Kernen langsamer als der i7 mit vier Kernen? Bei *Apple* erkennst du schnell, dass der entsprechende Prozessor teurer ist als alle anderen. Du weißt vielleicht nicht mal genau, was du eigentlich brauchst, aber es sieht alles so einfach aus. Also sagst du dir, dass du ein bisschen mehr Leistung haben möchtest, nimmst den passenden Prozessor und stellst dir den Rechner zusammen.

Auch einen Tesla zu konfigurieren, dauert nur zwei Minuten. *Tesla* hat alles infrage gestellt, bei dem andere Unternehmen gesagt haben: »Das geht nicht«, und genau dadurch einen der vermögendsten Männer der Welt hervorgebracht. Du klickst dich einfach durch die wenigen zur Verfügung stehenden Optionen durch … und unten steht auf einmal die Summe von 120.000 Euro. Wenn deine Kreditkarte gerade in dieser Höhe belastungsfähig ist, dann gehört der Wagen dir und wird dir geliefert.

Tesla verfügt nur über wenige Werkstätten auf der Welt. Doch als Kunde hast du die Möglichkeit zu sagen: »Ich bin heute den ganzen Tag auf einer Veranstaltung im Rheinland. Könnten Sie sich das Auto vor Ort ansehen?« Natürlich geht das. Es kommt ein mobiler Mechaniker und checkt dein Auto draußen im Hof, während du auf der Veranstaltung bist. *Tesla* hat die Strukturen aufgelöst bzw. komplett anders aufgebaut als alle anderen.

Wenn wir Unternehmen, egal welcher Branche, miteinander vergleichen, welches verdient mehr? Höchstwahrscheinlich das Unternehmen, das seinen Kunden die größere Stressfreiheit bietet, oder? Wer hat mehr Fans? Die Antwort liegt auf der Hand: Das Unternehmen, das seinen Kunden die größere Stressfreiheit bietet.

Ein weiteres wichtiges Gefühl, das deine Kunden von dir brauchen, ist Sicherheit. Gib deinen Kunden das Gefühl der Sicherheit und sie werden dich lieben! Wirkt es nicht unglaublich beruhigend, wenn der Waschmaschinenverkäufer sagt: »Wenn Ihre Frau von dem Gerät nicht begeistert ist, dann können Sie uns das Gerät innerhalb von 14 Tagen einfach wieder in den Hof stellen.« Ganz ehrlich, wenn eine Waschmaschine einmal im Keller ist, trägst du das Ding in 100 Jahren nicht wieder hoch, es sei denn, es ist kaputt. Erst recht nicht die schwere Miele ... Doch das Gefühl der Sicherheit, das solche Rückgaberechte bieten, ist davon unbenommen. Mach davon großzügig Gebrauch.

Auch Referenzen geben deinen Kunden das Gefühl von Sicherheit. Auf das Thema Referenzen komme ich gleich noch näher zu sprechen. PS: Menschen entscheiden sich überwiegend nicht für das, was sie am meisten lieben, sondern für das, wovor sie sich am wenigsten fürchten.

Was bedeutet das alles für dich und dein Unternehmen?

1. Automatisiere, was zu automatisieren geht.
2. Gestalte die Dinge so einfach wie möglich.

3. Mach es für deinen Kunden stressfrei.
4. Gib deinen Kunden immer das Gefühl der Sicherheit.

Hier merkst du schon den Unterschied: Wenn wir als Verkäufer nur noch Produkt-Bewacher oder Informationen-Rüberschieber sind, dann sind wir über kurz oder lang tot. Weg vom Fenster.

Wenn wir dagegen das Geschenk und die Chancen der Digitalisierung nutzen und es unseren Kunden so leicht wie möglich machen, bei uns zu kaufen, und wenn wir darüber hinaus seine emotionalen Bedürfnisse erfassen und kommunizieren, dann kann uns keine Maschine dieser Welt ersetzen. Denn die Information über die Emotion und den wahren Bedarf bekommt die Maschine nur über den Menschen!

So verstehst du den Prozess

Wenn ich als Unternehmensberater gebucht werde, habe ich von den Produkten meiner Auftraggeber oftmals keine Ahnung. Das muss ich auch nicht. Denn meine Aufgabe ist es, den Prozess zu verstehen. Ob ein Unternehmen Elektromotoren verkauft, Kopiermaschinen, Papier oder Schrauben – das ist zunächst einmal völlig egal. Ich will dir auch erklären, warum.

Ein Schraubenhersteller kam auf mich zu. Wir sprachen über das Thema Emotionalität. Der Hersteller meinte: »Ich verstehe, was Sie sagen, Herr Stöcker. Wissen Sie, wir verkaufen Schrauben. Die können Sie nach links drehen und nach rechts drehen, aber es bleiben Schrauben, und von daher rational.«

An dieser Stelle kommt der Prozess ins Spiel. Denn der Kunde meines Kunden, um den es hier ging, baut Elektromotoren, und er braucht genau diesen Typ Schrauben, um seine Teile zu montieren.

Der Kunde, der die Schrauben herstellt (mein Auftraggeber), fragte mich: »Wie soll ich argumentieren? Unser Produkt gibt es in China 30 Prozent günstiger.«

Wir hatten ein Meeting mit seinem Kunden anberaumt, dem Hersteller der Elektromotoren. Ich fragte diesen Hersteller: »Ist es Ihnen schon mal passiert, dass Sie trockengelaufen sind? War Ihr Lager in Bezug auf Schrauben in der Vergangenheit schon mal komplett leer?«

»Ja«, antwortete er.

»Was ist passiert?«

»Der Azubi hat nicht nachbestellt. Unser Fließband stand still. Wir hatten zwei Wochen Kurzarbeit und wir konnten außerdem nicht liefern.«

Ich fragte weiter: »Wie hoch war der Schaden?«

»1,2 Millionen Euro«, antwortete er offen.

»Was ist sonst noch passiert?«, wollte ich wissen.

»Na ja, wir hatten natürlich jede Menge Ärger im Unternehmen.«

In diesem Fall liegen die beiden Unternehmen örtlich sehr nah beieinander. Ich überlegte kurz und fragte dann: »Nehmen wir mal an, wir würden die Schrauben, die Sie benötigen, bei uns hier zusätzlich auf Lager legen. Und wenn Sie noch einmal in die Situation kommen, dann bringen wir Ihnen die Schrauben mit der Schubkarre schnell in Ihr Lager rüber. Würde Sie das begeistern?«

»Ja, klar!«, rief der Motorenhersteller.

Ich sagte: »Welche Größenordnung sollen wir uns für Sie auf Lager legen?«

Was glaubst du, wie hoch war die Wahrscheinlichkeit, dass mein Kunde, obwohl seine Schrauben teurer sind als die der Konkurrenz aus China, den Auftrag bekommen hat? In welchem Verhältnis stehen ein paar Schrauben gegen 1,2 Millionen Euro Ausfallsumme? So einfach kann Verkaufen sein.

Was haben wir dem Hersteller der Elektromotoren letztlich verkauft? Das Gefühl von Sicherheit. Wir haben seinen Fokus weg von der Schraube und der Wahrnehmung »teuer« (30 Prozent Mehrpreis = grüner Punkt) hin zu dem Faktor Sicherheit in Zukunft (weiße Fläche) gelenkt.

Zur Verdeutlichung, warum es oftmals eher um den Prozess als um das Produkt an sich geht, folgt noch ein zweites Beispiel: Ein weiterer Kunde von uns verkauft Spezialmesser, mit denen Furniere geschnitten werden. Furniere, das sind sehr feine Holzschichten. Die Toleranz ist dementsprechend gering. Bei diesem Kunden liegt sie unter einem Millimeter. Auch hier lagen die Messer etwa 30 Prozent über dem Preis des Wettbewerbs.

»Herr Stöcker, können Sie uns weiterhelfen?«, fragte mich der Geschäftsführer am Telefon.

»Höchstwahrscheinlich«, sagte ich, »ich muss zuerst den Prozess verstehen. Dazu brauche ich Ihre Vertriebsleute.«

Wir trafen uns und mir war sofort klar: Das Vertriebsteam nahm mich anfangs nicht für voll. Einer von ihnen meinte sinngemäß: »Herr Stöcker, wenn Sie nicht mindestens 200 Jahre Berufserfahrung haben, verkaufen Sie bei uns keine Schraube und kein Messer.«

»Wo genau werden Ihre Messer eingesetzt?«, lautete eine meiner ersten Fragen.

»Bei den Produktionsmaschinen.« Der Kunde beschrieb mir die Maschinen, die wiederum bei seinen Kunden standen, die die Furniere herstellten.

Ich fragte weiter: »Wo ist der Engpass?«

»Es gibt keinen Engpass. Außer beim Wechsel der Messer«, sagte er.

Ich wurde neugierig. »Ah«, sagte ich, »was passiert beim Wechseln?«

»Na ja«, meinte der Kunde. »Nett ausgedrückt sind die Leute, die die Messer wechseln, keine Raketenwissenschaftler. Deshalb kommt es schon mal vor, dass feinste Stäubchen auf die Messer gelangen. Dadurch ergeben sich leichte Toleranzen. Aber wenn die Maschine einmal anläuft, dann läuft sie, dann ist sie nicht mehr so schnell zu stoppen.«

Es gab also jede Menge Ausschuss, wenn beim Wechsel der Messer etwas passierte. Die Kosten für Holz sind derzeit so hoch wie nie. Außerdem muss das ganze Furnier, das nicht genutzt werden kann, wieder entsorgt werden. Das ist arbeitsaufwendig und schwer. Die Maschine der Kunden steht während dieser Zeit still. Summa summarum sind das Wahnsinnskosten, die da entstehen – und man kann nicht mal eben schnell hinfahren und das Ganze beheben, wie mir der Kunde sagte.

Und dann kam der Schlüsselsatz: »Unsere Messer müssen zu 30 Prozent weniger gewechselt werden als die von anderen Herstellern.« Das war es, worum es hier ging! Auf der einen Seite standen 30 Prozent Mehrkosten für die Messer. Doch bei seinen Kunden kam es zu 30 Prozent höheren Standzeiten, wenn sie die Messer des Wettbewerbs nahmen und beim Wechseln Fehler passierten. 30 Prozent weniger Wechsel ergaben 30 Prozent weniger Ausschuss von vornherein.

Wir verglichen die beiden Zahlen miteinander – und du kannst dir denken, was passierte. Dem Messerhersteller wurde in diesem Moment bewusst, dass er eine Leistung lieferte, die er bisher nie mitverkauft hatte. Nach unserer Zusammenarbeit hob er die Preise an.

Und unter uns gesagt: Ich habe bis heute keine von diesen Maschinen gesehen, sondern Wunsch, Problem und Bedürfnis ermittelt – also die Wirkung für den Kunden. Das klingt auf den ersten Blick vielleicht etwas unseriös, ist es aber nicht. Die Seriosität ist in dem Moment gegeben, wenn du das Problem des Kunden löst. Und dazu musst du in erster Linie den Prozess verstehen.

Walk your Talk: Wie steht es um deine eigenen Prozesse?

Mein Freund Michael fragte mich eines Tages: »Dirk, was machst du, wenn bei euch im Unternehmen das Telefon klingelt und keiner geht ran?«

»Dann rufen die, die uns sprechen wollen, noch mal an«, antwortete ich.

»Wirklich?«

Ich dachte: »Mist, er hat recht. Der Kunde ruft nicht noch mal an. Der ruft woanders an!«

Michael meinte: »Und was tust du dagegen?«

Seit dem Gespräch haben wir eine externe Zentrale, die nach dreimal Klingeln unsere Telefonate entgegennimmt, wenn wir nicht persönlich den Anruf annehmen können. Mir war durch das Hinterfragen unserer eigenen Prozesse klar geworden: Wir als Unternehmen helfen unseren Kunden dabei, jeden Auftrag zu bekommen, und ich möchte das, was ich unseren Kunden vermittle, immer auch vorleben. Das nennt man »walk your talk«.

Und auch hier wieder der Eisberg (ich bin mir sicher, den vergisst du nach diesem Buch nie mehr): Michael hatte es geschafft, mit seinen Fragen direkt unter die Wasseroberfläche und damit in meine Gefühlswelt zu kommen. In den unbewussten Bereich.

Hätte mich ein Callcenter einen Tag *vor* dem Gespräch mit Michael angerufen und mir rein faktisch, auf der Verstandesebene, die Vorzüge seiner Dienstleistung erklärt – ich hätte garantiert »Nein« gesagt. Denn die reine Aufzählung von Aussagen hätte mich nicht in die Reflexion gebracht. Doch Michaels Fragen hatten genau das geschafft: Mich emotional wachzurütteln und in mir das dringende Bedürfnis zu wecken, dass ich das, was ich meinen Kunden sage, auch selbst vorleben muss!

Das ist die Hauptfunktion und die Riesenchance, die uns der Eisberg bietet: Durch das Reflektieren kommt der Kunde in seinen unbewussten Bedarf hinein – und damit schaffen wir es überhaupt erst, Bedarf zu wecken.

Heute geht bei uns nach dreimal Klingeln eine freundliche Mitarbeiterin oder ein freundlicher Mitarbeiter einer Telefonzentrale an den Apparat. Und wir bekommen eine E-Mail mit einer kurzen Notiz und können zeitnah reagieren. Danke, Michael!

Warum Kundenreferenzen so wichtig sind

Wir sprachen vorhin das Thema Referenzen an. Hast du schon mal eine Referenz (Kundenfeedback) zu einem Produkt gelesen, bevor du es gekauft hast? Referenzen gibt es mittlerweile für fast alles: für Ärzte wie für Reiseveranstalter, für Autos wie für Fitnessstudios … Warum gibt es Referenzen und warum funktionieren sie so gut?

Referenzen vermitteln uns ein gutes Gefühl. Das Gefühl der Sicherheit. Und wie wir gerade ausführlich gesehen haben, schlägt das Gefühl immer den Verstand bei der Kaufentscheidung. Der Kunde kauft immer ein Gefühl. Er kauft die Hoffnung, dass du bei ihm einen tollen Job machst wie bei anderen Kunden auch. Er kauft die Sicherheit, dass dein Produkt bei ihm genauso funktioniert wie bei denen, die schon deine Produkte gekauft und dir fünf Sterne gegeben haben. Diese Sicherheit ist nur ein Gefühl, kein Fakt. Letztlich sagen Referenzen nichts aus. Denn ob du deine Sache gut machst, das muss sich erst zeigen. Liefern musst du mehr als das gute Gefühl!

Doch das Gefühl reicht dem Kunden in erster Instanz, um eine Kaufentscheidung zu fällen.

Referenzen sind heutzutage so wichtig und mächtig geworden, dass sie teilweise gefaked werden. Das ist ein absolutes No-Go. Wir haben das so gelöst, dass wir echte Personen nennen. Die Namen kannst du googeln und die Menschen sogar anrufen.

Hole dir daher nach jedem Auftrag von deinen begeisterten Kunden ein kurzes, ehrliches Feedback ein. Auf Plattformen wie zum Beispiel *ProvenExpert* können sie dieses Feedback direkt online veröffentlichen. So wird auch für andere sichtbar, dass du deine Sache gut machst. Dies hilft jedem deiner potenziellen Kunden, sich mit Leichtigkeit für dich zu entscheiden.

<u>Drei Tipps dazu:</u>

1. Bedanke dich für eine Empfehlung. Das ist erstens eine Form von Höflichkeit. Und: Der Empfehler fühlt sich gesehen. Falls das Gespräch noch mal auf dich kommt, verbindet derjenige gleich etwas Gutes mit deinem Namen.
2. Bei Stammkunden, die dich häufiger buchen, frage nach, warum sie das tun. Bei Kunden, die uns zum zweiten Mal beauftragen, stelle ich gerne mit einem humorvollen Augenzwinkern die Frage: »Warum beauftragen Sie uns, *obwohl* Sie uns kennen?« Die Frage klingt erst mal komisch, ist aber unheimlich wirkungsvoll! Denn jetzt rechtfertigt sich der andere – und es kommen sehr interessante Antworten dabei heraus, z. B.: »Weil Sie mitdenken« oder »Weil Sie es für uns stressfrei machen« … Aspekte, auf die ich früher selbst nicht gekommen bin.
3. Wenn Kunden dir etwas Positives über eure Zusammenarbeit erzählen, frage direkt: »Darf ich das veröffentlichen? Und damit die Formulierung auch in Ihrem Sinne ist: Wollen Sie mir den Satz zukommen lassen oder soll ich das, was ich verstanden habe, kurz aufschreiben und Sie segnen es mir ab?« Auf diese Weise kannst du auf einfache Weise eine seriöse Referenz bekommen. Und unter uns: Es ist noch nie vorgekommen, dass ein Kunde die Sätze, die ich ihm geschickt habe, korrigiert hat.

Kapitel 3
Paradigmen: Wir sehen die Welt nicht, wie sie ist, sondern wie wir sind

Warum Sokrates heute einer der erfolgreichsten Verkäufer wäre

Unsere Sichtweise (Paradigma) bestimmt, was wir sehen und was wir nicht sehen können. Wenn ich Teilnehmern ein Bild von einer Schnecke zeige und sie bitte, einmal für sich zu überlegen: »Was hat die Schnecke mit dir zu tun?«, dann kommen die unterschiedlichsten Antworten:

»Ist zu langsam.«
»Versteckt sich.«
»Trägt alles in sich.«
»Außen hart, innen weich.«
…

Jeder, den ich frage, sieht etwas komplett anderes in dem Bild, obwohl es das gleiche Bild ist. Warum ist das so? Ganz einfach: Halte Menschen ein Bild vor und sie versuchen, dieses Bild aus sich heraus zu begründen.

Denn: Wir sehen die Welt nicht, wie sie ist. Wir sehen sie so, wie wir sie wahrnehmen.

Manche fragen mich dann, ob ich sie für zu langsam oder für zurückgezogen halte. Versicherungsmakler haben mich an der Stelle schon gefragt: »Herr Stöcker, halten Sie uns für schleimig?« Dazu habe ich natürlich nichts gesagt ...

Interessanterweise ist es in all den Jahren, die ich schon Seminare leite, selten vorgekommen, dass ein Teilnehmer etwas Positives gesagt hat wie: »Dirk, bei uns geht's aufwärts!« (auf dem Bild, das ich zeige, bewegt sich die Schnecke vom Bildrand rechts unten nach links oben) oder »Die Schnecke, das ist ein sehr konstantes Tier«. Denn auch das würde stimmen. Oder hast du schon mal eine Schnecke gesehen, die wie auf der Flucht Haken schlägt? Eine Schnecke kriecht konsequent vorwärts. Sie hat keinen Rückwärtsgang. Sie weiß im Übrigen auch genau, wie sie von A nach B kommt. Wenn ich aber zu jemandem sagen würde: »Du bist die totale Schnecke im Vertrieb«, das käme wahrscheinlich nicht gut an, oder?

Lass uns, um das Paradigma in Gänze zu verstehen, ruhig noch einmal das Beispiel von Preis und Leistung bzw. Nutzen hernehmen. Diese Art von Gespräch läuft da draußen jeden Tag (mehrmals) ab – nur weißt du ab heute, wie du sie zu einem guten Ende führst.

Stell dir vor, du sprichst mit einem Einkäufer und dieser sagt dir, dass du zu teuer seist. Du weißt inzwischen jedoch, dass er nur über den Preis redet und es nun deine Aufgabe ist, seinen Fokus weg vom grünen Punkt auf die weiße Fläche zu lenken. Deshalb sagst du zu ihm: »Lieber Herr Kunde, ein gutes Geschäft ist doch nur, wenn Sie für Ihre Menge Geld auch den entsprechenden Nutzen bekommen, oder?«

Das ist ein Paradigmenwechsel. An dieser Stelle kann das Gespräch weitergehen. Der größte Fehler, den wir im Verkauf und in der Kommunikation mit Menschen machen können, ist zu glauben, dass wir genau wüssten, was der Kunde denkt und möchte.

Wir wissen gar nichts, solange wir nicht die Sichtweise, den Ist-Zustand und die Prozesse unseres Kunden verstanden haben!

Der Philosoph Sokrates, von dem der Satz »Ich weiß, dass ich nicht weiß« stammt, wäre heute einer der besten Verkäufer der Welt. Angesichts dessen halte ich auch nichts davon, Menschen in Schubladen einzusortieren, wie es bei manchen Persönlichkeitsmodellen passiert. Klar, diese Modelle können unterstützend wirken, wenn es darum geht, uns selbst zu verstehen. Dafür sind sie durchaus geeignet. Doch wenn es darum geht, andere Menschen zu verstehen, ist die Gefahr einfach zu groß, diese Menschen vorschnell in Schubladen zu stecken. Und wer möchte schon gerne in eine Schublade gesteckt werden? Ich nicht und du sicher auch nicht.

Außerdem gibt es keine Reinformen. Ich zum Beispiel bin, bezogen auf ein bestimmtes Persönlichkeitsmodell, das mit Farben arbeitet, in drei der vier Farben stark vertreten. Die Eigenschaften der vierten Farbe sind bei mir nur zu einem kleinen Teil ausgeprägt. In welche Schublade würde ich also passen? In keine. Und unabhängig davon, ob man nun Farben oder andere Herangehensweisen und Zuordnungsmodelle wählt, das Prinzip bleibt das gleiche: Es sind und bleiben Schubladen. Für mich passt das nicht. Jeder Mensch auf dieser Welt ist verschieden, einzigartig und für sich selbst gut.

Paradigmen können sehr mächtig sein und sie können sich von Region zu Region zu unterscheiden. In Deutschland ist es eher ungewöhnlich, wenn ein junger Mensch von Anfang zwanzig einen Porsche oder ein anderes teures Auto fährt. Da gibt es gleich einige, die denken: »Wo hat der denn die Kohle her? Bestimmt von Mama oder Papa.« (Oder die Hardcore-Variante: »Wahrscheinlich durch Prostituierte oder Drogen.«)

In den USA wird anders mit dem Thema Erfolg und Wohlstand umgegangen. »Hey, erzähl mal, wie hast du das geschafft?«, wird dieser junge Mann dort höchstwahrscheinlich auf einer Veranstaltung gefragt. Man klopft ihm anerkennend auf die Schulter.

Mir ist das auch mal passiert, dass ich eine solche »Brille« im Sinne einer Sichtweise aufhatte, mit der ich fast einen Auftrag verloren hätte, bevor es dazu kam.

»Der Schnorrer kann mich mal!«

Ein neuer Kunde rief mich an und sagte: »Herr Stöcker, wir haben eine Vertriebsveranstaltung. Kommen Sie doch bitte für zwei Stunden nach Trier und halten Sie ein Verkaufstraining für meine Damen. Danach schauen wir, ob wir Sie buchen.«

In meinem Kopf ging eine Schublade auf: »Das ist ein typischer Schnorrer!« Der Hintergrund ist: In unserem Metier kommt es nicht selten vor, dass man versucht, hochkarätige Trainer für Veranstaltungen zu gewinnen – ohne Honorar. Ich empfand die Anfrage als Frechheit. Möglichst ruhig antwortete ich: »Lieber Herr Kunde, ob Sie mich zwei Stunden lang buchen oder einen ganzen Tag, es ist der gleiche Preis. Wieso machen wir nicht gleich einen ganzen Tag zusammen?«

Daraufhin erwiderte der Mann: »Wissen Sie, beim letzten Mal habe ich für meine Damen einen Trainer bestellt und das ging voll daneben. Glauben Sie mir, bei 30 jungen Damen mache ich den gleichen Fehler nicht noch einmal. Meine Mitarbeiterinnen sollen die Entscheidung treffen. Mir ist das egal, ob Sie Ihren kompletten Tagessatz in Rechnung stellen, doch wir haben an dem Tag nur zwei Stunden Zeit.«

Jetzt erst verstand ich. Innerlich entschuldigte ich mich bei dem Mann und holte ihn aus meiner Schnorrerschublade wieder heraus. Ich war froh, dass ich mich zurückgehalten hatte mit meinem Ärger. Hätte ich ihm den Kopf gewaschen und ihm erklärt, dass wir Trainer von derartigen Anfragen die Nase voll haben – ich hätte nie wieder von ihm gehört.

Das Thema Preis ist geradezu prädestiniert, dass wir trainieren können, unsere Paradigmen zu überprüfen. Hier noch ein Erlebnis.

Die wahrscheinlich teuerste Schraube der Welt

In einem Unternehmen stand eine uralte Maschine. Sie war das Herzstück der Produktion, ohne sie lief nichts. Eines Tages gab die Maschine ihren Geist auf. Da sie schon so alt war, konnte sie keiner der Techniker reparieren. Das Fließband stand still, woraufhin es zu Ausfällen kam. Experten wurden gerufen, doch niemand wusste, wie er die Maschine wieder zum Laufen bringen sollte.

Der Chef wusste keinen anderen Rat, als einen früheren Angestellten aus dem Ruhestand zu holen. Der ältere Herr hatte über viele Jahre im Unternehmen gearbeitet. Er ging zu der Maschine hin, untersuchte sie, wechselte eine Schraube aus und war nach fünf Minuten fertig. Die Maschine lief wieder wie am Schnürchen, die Arbeit konnte weitergehen.

Der ältere Herr stellte dem Unternehmen eine Rechnung über 1000 Euro. Der Chef sah die Rechnung, zitierte den Mann zu sich und sagte: »Guter Mann, Sie waren nur fünf Minuten hier, und für eine Schraube zahle ich keine 1000 Euro.«

Der ältere Herr schrieb die Rechnung um: »Schraube: einen Euro. Gewusst wo: 999 Euro.«

Jeder von uns kennt diese Momente, wenn wir stundenlang mit einer Sache kämpfen, etwa mit einer neuen Software, und dann kommt jemand, der sich damit auskennt, und sagt: »Du musst den Haken da und da setzen.« Und dann läuft es.

Welche Schraube drehst du für deinen Kunden?

Und manchmal ist es nur eine einzige Frage, die den Unterschied macht. Ein Unternehmer wollte mit mir an seiner Vision arbeiten.

Ich hörte mir an, was er sich überlegt hatte. Als er endete, stellte ich ihm die Frage: »Und was nützt es Ihrem Kunden?« Der Mann warf alles über den Haufen und gemeinsam fingen wir noch mal von vorn an.

Wochenbett: Wenn du denkst, du hast alles richtig gemacht

Eine einzige Frage kann auch uns Ehemännern und frischgebackenen Vätern jede Menge Stress ersparen. Ich fand dieses private Erlebnis so augenöffnend, dass ich es mit dir teilen möchte. Der Geburtsvorbereitungskurs, den ich zusammen mit meiner schwangeren Frau besucht habe, war eines der eindrücklichsten Seminare, das ich je mitgemacht habe. Die Hebamme hat es wirklich verstanden, uns Männer auf diese Reise mitzunehmen.

Das Seminar bestand aus mehreren Terminen, die einmal pro Woche abends stattfanden. Beim letzten Abend zeigte uns die Hebamme eine Postkarte: Darauf war ein kochender Mann vor dem Herd abgebildet. Neben ihm stand ein Bügelbrett. Mit einer Hand rührte er im Topf, mit der anderen Hand bügelte er. Mit seinem rechten Fuß schaukelte er außerdem die Wiege, in der das neue Baby lag, und mit dem unter das Kinn geklemmte Telefon wimmelte er die Familie ab, die in Scharen zu Besuch kommen wollten.

Die Hebamme sagte zu uns: »Liebe Männer, für die nächsten vier Wochen ist das euer Job. Ihr sorgt dafür, dass die Hütte in Ordnung ist. Ihr kocht immer frisch. Ihr wascht die Wäsche und wenn eure Frau stillt, dann bereitet ihr ihr eine Hühnersuppe zu …«

Ich dachte: »Verstanden. Das ist mein Bild.«

Zurück aus dem Krankenhaus krempelte ich die Ärmel hoch. In den nächsten Tagen war unser Haus tipptopp aufgeräumt, es wurde täglich frisch gekocht. Es gab auch Hühnersuppe, fünf Stunden abgekocht … Das Huhn war toter als tot. Das Problem war nur: Meine Frau kann Hühnersuppe nicht leiden. Sie hat drei Löffel gegessen, aus Respekt mir gegenüber. (Den Rest haben wir eingefroren. Und nach zwei Jahren weggeworfen.)

Ein paar Tage später komme ich ins Wohnzimmer und sehe, dass meine Frau weint. Ich erschrecke und frage mich, was los ist. Was habe ich falsch gemacht? Im Geist gehe die Postkarte durch. Ich habe doch alles richtig gemacht, oder? Ja, ich hatte alles richtig gemacht. Aber das Wichtigste hatte ich vergessen. Meine Frau. Denn die war nicht auf der Postkarte abgebildet.

Wer hat den Fehler gemacht? Manche sagen: »Die Hebamme.« Nein, nicht die Hebamme. Ich selbst habe den Fehler gemacht. Ich ganz allein, weil ich dieses Bild im Kopf hatte. Meine Frau hatte im Kurs direkt neben mir gesessen. Eine Frage von mir hätte genügt. Eine einzige Frage. Ich hätte bloß zu ihr sagen müssen: »Hör mal, Schatz, ist das auch dein Bild?« Und sie hätte den Kopf geschüttelt: »Nein, sei einfach bei dem Kind und mir.«

Eine Frage hätte mich vor einer Menge Hausarbeit geschützt und meine Frau wäre glücklich gewesen. Denn sie wollte nichts anderes, als einfach die Zeit mit unserem Kind und mir genießen. An dem Tag hörte ich auf zu kochen. Damit hatte ich aber ein neues Problem. Doch du erinnerst dich: »Ein Problem ist nur so lange ein Problem, bis du die richtigen Fragen stellst.« Ich lud sämtliche Familienmitglieder, die uns in dieser Zeit besuchen wollten, einfach zur Mittagszeit ein. Und zwar nacheinander. Ich fragte auch nicht, *ob* sie uns etwas Frischgekochtes mitbringen könnten, sondern *was*. Die Familie freute sich sehr darüber und überschlug sich fast vor Eifer, uns etwas Gutes tun zu können. Wir bekamen sogar die Wäsche gemacht. Es war alles gelöst.

Eine einzige Frage kann alles entscheiden: »Ist das auch Ihr Bild, lieber Kunde? Sprechen wir über das Gleiche?« Die meisten Verkäufer stellen diese Frage nicht.

Im Seminar ist das oft meine Hauptaufgabe: die Teilnehmer zu unterstützen, ihre eigenen Denkmuster aufzubrechen und ihnen zu helfen, auf den richtigen Punkt zu schauen. »Um was geht es wirklich?«

Abschließend noch eine Geschichte zum Paradigmenwechsel: Ein älteres Ehepaar sitzt am Tisch zusammen. Sie ist eine Frau mit einem echten »Angela-Merkel-Lachen« (Mundwinkel nach unten). Sie schaut mürrisch aus dem Fenster raus und sagt zu ihrem Mann: »Bäh, schau dir den Himmel an! Der ist so grau. Das liegt an der Fabrik. Geh zu dem Chef von der Fabrik und sag ihm, er soll die Schornsteine abstellen!«

Und ihr Mann nickt und sagt: »Hm, passt schon.«

Am nächsten Tag sitzen die beiden wieder am Küchentisch. Sie schaut raus und sagt: »Bäh, sieh mal das Haus vom Nachbarn an! Die Fassade, wie schmierig die aussieht. Geh zu dem Nachbarn hin und sag ihm, er soll die streichen!«

Und er nickt wieder und sagt: »Hm, passt schon.«

Dritter Tag. Die beiden erneut am Tisch. Sie schaut wieder raus. Der Himmel strahlt wie eine Eins und die Fassade vom Nachbarn sieht aus wie frisch gestrichen.

Sie sagt: »Schatz, was hast du gemacht?«

Und er antwortet: »Ich habe die Fenster geputzt.«

Kapitel 4
Die größte Hürde: Menschen wirklich zu verstehen

»Urteile nicht über mich, wenn du nicht mindestens zehn Meilen in meinen Mokassins gegangen bist.«
(Spruch der Sioux, indigene Ureinwohner Nordamerikas)

Wie du herausfindest, was dein Kunde WIRKLICH braucht

Vor einigen Jahren ertappte ich mich dabei, dass mir eine wichtige Eigenschaft, die ich meinen Seminarteilnehmern regelmäßig ans Herz lege, verloren gegangen war. Mein Sohn ist heute elf Jahre alt. Damals war er sieben und hatte einen großen Traum. Sein Traum war es, Chef einer Lego Hidden Side Company zu sein. Lego Hidden Side ist eine ganz spezielle Serie des bekannten Spielwarenherstellers *Lego*. Mein Sohn wollte damals einen Themenpark daraus bauen, ähnlich wie das *Phantasialand*. Er sprach von früh bis spät von nichts anderem mehr.

Vielleicht kennst du das: Nach 24 Stunden nonstop kann man als Eltern manchmal einfach nicht mehr zuhören. Wir schalten auf leichten Durchzug und hören nur noch halb hin, weil es ja auch noch andere Dinge gibt, mit denen wir uns beschäftigen müssen. Die begeisterten Erzählungen meines Sohns dauerten aber nicht nur einen Tag lang – sie gingen über Wochen und Monate. Wo wir gingen und standen, plante und baute er seinen Hidden Side Park.

An einem Tag standen wir im Flur und zogen uns gerade die Jacken an, da sagte er: »Hör mal, Papa, wir nehmen fünf Euro Eintritt!«

Ich, voll im Unternehmensberatermodus, erwiderte: »Von fünf Euro kannst du so einen Park nicht finanzieren.«

Mein Sohn antwortete unbekümmert: »Papa, wir wollen sie erst einmal daran gewöhnen. Hochziehen kannst du den Preis immer noch!«

Ich musste lächeln. Wo hatte der Junge das nur her? … Er erzählte weiter und baute innerlich an seinem Park. Und ich? Ich hörte an irgendeinem Punkt auf, ihm zuzuhören.

Es fiel mir aber zunächst gar nicht auf. Bewusst wurde mir dies erst einige Zeit später, als ich auf einer längeren Seminartour unterwegs war. Auf einer Autofahrt zwischen München und Münster hatte ich viel Zeit zum Reflektieren. Ich dachte auch an meinen Sohn und seinen Hidden Side Park. Und auf einmal wurde mir klar, dass ich mich nicht mehr daran erinnern konnte, was er mir in den letzten Tagen und Wochen alles erzählt hatte. Das tat mir im Herzen weh.

Es gibt eine einfache Reset-Taste, die wir nutzen können, wenn wir etwas verändern wollen. Diese Taste heißt: »Sag einfach, was Sache ist und entschuldige dich.«

Ich nahm mir vor, es ihm offen zu sagen. Ich rief von unterwegs meine Frau an und teilte ihr mit, dass ich für eine Stunde nach Hause kommen könne, um gemeinsam zu essen, bevor ich nach Münster weiterfahren würde.

Während dem Essen erzählte mein Sohn wieder von seiner Hidden Side Company. Ich holte tief Luft, nahm meinen Mut zusammen und sagte: »Du, ich habe dir in letzter Zeit nicht mehr richtig zugehört. Das tut mir im Herzen leid und ich möchte das gerne ändern.« Der Junge schaute mich an und sagte: »Macht nichts, Papa, jeder macht mal Fehler!«

Ich war überwältigt, doch er meinte ganz unbekümmert: »Ich habe übrigens oben alles aufgebaut. Wenn du Lust hast, dann gucken wir es uns nach dem Essen noch kurz zusammen an.«

Wir hatten genau 15 Minuten, denn dann musste ich weiterfahren, um zur geplanten Zeit in Münster zu sein. In diesen 15 Minuten nahm ich mir einfach Zeit für meinen Sohn und seine Ideen. Ich *wollte* ihn verstehen.

Es sah klasse aus, was er alles aufgebaut und mit den Legosteinen nachgebaut hatte. Er sagte: »Schau mal, Papa, hier machen wir 'nen Looping hin und hier hinten noch 'ne Sprungschanze!«

»Und hier vielleicht ein Wasserbecken«, ergänzte ich.

»Coole Idee!«, rief der Junge und wir bauten es gleich auf.

Eine Viertelstunde später saß ich im Flur auf der Treppe und schnürte mir die Sneaker zu, um weiterzufahren. Mein Sohn kam von hinten an mich heran, nahm mich fest in den Arm und sagte: »Ich habe dich so lieb, Papa.«

15 Minuten echtes Verstehen-wollen. 15 Minuten echtes Sehen-wollen. Ich behaupte, dass diese 15 Minuten an jenem Tag mehr mit unserer Vater-Sohn-Beziehung gemacht haben, als es in manchen Familien über Jahre passiert, bei denen das Handy und die neueste Netflix-Serie spannender ist als das eigene Kind.

»Ich sehe dich«, sagen die Einwohner im Film *Avatar* zur Begrüßung. Und damit meinen sie nicht die äußere Hülle, sondern die Person in ihrem tiefsten Inneren, in ihrem Kern. Menschen wollen gesehen werden. Sie wollen zutiefst verstanden und erkannt werden. Und dieses Verstehen geht weit über das *Denken* hinaus, weit über das Erfassen von Zahlen, Daten oder Fakten. All das ist auch wichtig. Doch zum Verstehen-wollen gehört mehr. Es gehört eine tiefe innere Einstellung dazu, eine ganz bewusste Hinwendung *zum* Menschen, echtes Interesse und auch das Gefühl »Mein Gegenüber kennt mich und meine Sorgen sowie Nöte«.

Was glaubst du, mit welcher Haltung kommen die Kunden zu mir, die schon einmal ein Vertriebstraining hatten und das war richtig schlecht? Oder mit welcher Haltung kommen Firmenchefs auf mich zu, die schon Unternehmensberater für sehr viel Geld gebucht hatten – und die kamen, wirbelten viel Staub auf und gingen wieder? Die Chance, dass eine Unternehmensberatung floppt, ist oft sehr hoch.

Ich lasse diese Tatsache nicht außen vor, sondern greife sie bewusst auf. Ich sage zu meinen Kunden im ersten Gespräch: »Sie haben vielleicht auch Angst, dass wir viel Staub aufwirbeln, nichts passiert und wir dann wieder gehen.« Dann nickt der Kunde und fragt sich, woher ich das wüsste. Er fühlt sich direkt verstanden.

Achtung, rhetorische Köder!

Manchmal gibt es auch Kunden, die uns herausfordern wollen und uns Fallen stellen. Das macht nichts – denn es ist der perfekte Moment, um zu beweisen, dass wir die Kunden wirklich verstehen wollen. Wichtig ist nur, dass wir die Falle erkennen.

»Na, Herr Stöcker, was können Sie uns denn bringen?«, fragte mich ein Firmenchef, der auf Empfehlung eines anderen Kunden zu mir gekommen war. Er war sichtlich im Provokationsmodus.

Wenn du jetzt auf solch eine Frage eingehst, dann kommt als Antwort: »Brauchen wir nicht«, »Ist nicht der richtige Zeitpunkt«, »Ist viel zu teuer« oder »Haben wir schon probiert«. Das ist ein rhetorischer Köder. Die meisten Menschen begehen den Fehler und beantworten die Frage. Sie denken, sie müssten den Kunden von ihrer Kompetenz überzeugen, im Sinne von »Fachidiot schlägt Kunde tot.« Das führt uns aber nicht ans Ziel.

Die Frage, um die es geht, ist: Was wollen die Menschen in ihrem tiefsten Inneren wirklich?

Ich blieb daher ruhig und antwortete: »Die Frage ist ja, was Sie brauchen. Und wenn es für Sie in Ordnung ist, würde ich Sie gerne mit ein paar Fragen durch den Prozess führen und wir gucken mal, wo wir Ihnen einen Vorteil bringen können, ok?«

Anmerkung: Mit einer Frage abzuschließen, ist eine ganz spezielle Technik, die du sicher hier im Buch schon mehrmals entdeckt hast. Wir kommen im zweiten Teil des Buches gezielt darauf zu sprechen. Dann erkläre ich sie dir.

Er legte mir einen weiteren Köder aus: »Das ist aber nicht sehr höflich, eine Frage mit einer Gegenfrage zu beantworten!«

Ich blieb weiterhin ruhig und sagte: »Ich bin auch nicht hier, um höflich zu sein, sondern um Ihnen einen Nutzen zu bringen, oder?« (Wieder die gleiche Technik: Aussage mit Frage.)

Er dachte kurz darüber nach, dann nickte er schmunzelnd. An dieser Stelle war unsere Freundschaft besiegelt.

Wahrheit oder Meinung? Mach mal Inselhopping!

Wir Menschen verwechseln oft Wahrheit mit Meinung. Was bedeutet das konkret? Es ist ein Unterschied, ob ich über Wahrheit oder über Meinung spreche. Menschen glauben in der Regel, das, was sie denken, wäre die Wahrheit. (Das haben wir während der Pandemie oft genug erlebt.) Hier kommt wieder der gute alte Sokrates ins Spiel und seine Struktur der »These-Antithese-Synthese«: Ich vertrete meine These, ich sage meine Meinung – und mir ist bewusst, dass es nur meine Meinung ist. Jetzt kommt der Nächste dran und erzählt seine These. Sowohl er als auch ich sind uns beide bewusst: Es ist nur seine Meinung. Und nachher schauen wir uns an: Was ist von beidem wahr? Das ist dann die Synthese.

Jetzt hast du zwei Gewinner! Vorher hattest du zwei, die bei der Wahrheit sind – das sind im Grunde genommen zwei Verlierer. Ein echter Paradigmenwechsel! Missverständnisse und »Inseln« in der menschlichen Kommunikation und im Verhalten entstehen immer dann, wenn jemand nur auf seine Wahrheit pocht und meint, diese mit Löffeln gefressen zu haben. Denn auf den anderen Inseln sitzen welche, die fest davon überzeugt sind, dass alles ganz anders ist und dass *ihre* Wahrnehmung die einzig richtige ist.

Meine Erfahrung ist: Es geht nie um die eine Wahrheit – es geht immer darum, was für den Einzelnen richtig und wichtig ist.

Auch in Unternehmen gibt es diese Inselwelten: Einige Mitarbeiter verstehen andere Mitarbeiter nicht. Mitarbeiter verstehen den Chef nicht. Der Chef versteht den Vertrieb nicht. Der Vertrieb versteht die Techniker nicht …

Mit einem einfachen Trick können wir lernen, andere Menschen zu verstehen, im beruflichen Leben wie im privaten. Und das wiederum hilft uns enorm dabei, Klarheit in die Dinge zu bringen. Der Kniff besteht darin, Inselhopping zu machen. Spring doch mal auf die Insel des anderen drauf! Schau dich dort um und versuche zu begreifen, warum dieser Mensch so tickt, wie er tickt. Wie lebt er? Was sieht er jeden Tag?

Das Gleiche geht auch bei deinen Kunden. Lerne ihre Insel kennen und verstehen. Das ist um ein Vielfaches effektiver, als dich durch einen Fragenkatalog mit ihm durchzuarbeiten. Fragen sind wichtig und wir brauchen sie an einigen Stellen. Doch Menschen merken es, wenn wir nur im »Fragekatalog-Modus« sind und kein wirkliches Interesse an ihnen haben.

Nun gibt es Menschen, die sagen: »Wir gehen auf Reisen? Super!« Andere sagen: »Och nee, schon wieder bewegen. Hier auf meiner Insel ist es gerade so schön bequem. Außerdem, die anderen Inseln kenne ich schon ...«

Zu welchem Typ Mensch gehörst du? Bewegst du dich noch gerne? Lässt du dich gerne auf Neues ein? Bist du offen, Menschen kennenzulernen und zu versuchen, sie zu verstehen, obwohl sie vielleicht ganz anders sind als du?

Ich kann dir aus eigenem Erleben sagen: Wenn du das Inselhopping in dein Leben integrierst und es konsequent anwendest, ändert sich nicht nur dein Business, sondern auch deine Beziehung zu anderen Menschen und deine gesamte Lebensqualität.

Und nur mal angenommen, wir alle würden dies tun, jeder von uns, jeden Tag ... Wie könnte unsere Welt dann aussehen?

Teil 2
Die Praxis: Wissen allein ist nichts wert – so kommst du in die Umsetzung

Kapitel 5
Essentials für dein erfolgreiches Gespräch mit dem Kunden

So baust du Vertrauen auf

Vertrauen ist die wichtigste Triebfeder für den Vertrieb. Für jedes Unternehmen ist Vertrauen wichtig und insbesondere für Verkäufer. Damit der Kunde überhaupt offen ist und sich neugierig und begeistert auf den Nutzen von einem Produkt oder einer Dienstleistung einlässt, ist es wichtig, dass Vertrauen herrscht. Man könnte auch sagen: Vertrauen ist der entscheidende Rohstoff für dein **Wachstum und deinen Erfolg – persönlich und unternehmerisch**.

Wie entsteht Vertrauen? Diese Säule fehlt in fast jedem Verkaufstraining. Selbst erfahrene Verkäufer, die schon viele Seminare hinter sich haben, können mir keine klare Antwort darauf geben, wie Vertrauen im Kundengespräch entsteht. Interessanterweise sind sich aber alle einig, dass es nichts Wichtigeres als Vertrauen in einem Verkaufsprozess gibt. Finde den Fehler! Du kannst dir für dich zu diesem Thema Folgendes merken:

Vertrauen entsteht dann, wenn die folgenden drei Säulen gegeben sind:

1. Kompetenz
2. Absicht
3. Authentizität

Kompetenz ist der einzige Punkt, der Verkäufern in der Regel bewusst ist – und deshalb tappen sie so oft in **die Verkaufsfalle**: Sie denken, ihre Kompetenz bemisst sich an der Qualität ihrer Aussagen. Dementsprechend texten sie den Kunden mit Produktmerkmalen sowie Features zu und machen den Erklärbären, um ihre Kompetenz zu beweisen. Das ist aber ein Denkmuster! Der Kunde fragt sich nämlich an dieser Stelle nur: »Was habe ich davon?« Und das ist vollkommen nachvollziehbar. Schau mal für einen Moment durch seine Brille: Von den Produktmerkmalen deiner Angebote hin zu seinem Nutzen – das ist ein großer Sprung. Den bekommt der Kunde an dieser Stelle noch nicht hin. Da dürfen wir als Verkäufer die Menschen wesentlich bewusster und stärker mitnehmen.

In dem Moment, wo ich nur über Aussagen arbeite, bin ich als Verkäufer nur bei mir und nicht mehr bei dem Kunden. Und damit geht auch die zweite Säule kaputt: die Absicht. Wenn ich mich so verhalte, gehen wir gegen menschliche Gesetze vor. Das ist aber nicht das, was unserem wahren Kern entspricht, oder? Wenn wir nicht mehr unserem wahren Kern entsprechend handeln, sind wir nicht mehr echt. Und damit geht die dritte Säule auch noch kaputt: die Authentizität.

Deine Kompetenz bemisst sich nicht an der Qualität deiner Aussagen, sondern an der Qualität deiner FRAGEN.

Der Kunde prüft die Absicht. Er spürt ganz genau, ob wir nur in unserem eigenen Interesse handeln oder ob wir für *ihn* mitdenken und ihm einen Nutzen bringen möchten. **Wenn wir in einer »Verkaufsshow« sind, bauen wir keine Beziehung zum Kunden auf.** Die Königsklasse hierbei ist, wenn wir nicht nur verstanden haben, was unser Kunde *will*, sondern was er wirklich *braucht*. Dafür müssen wir ihn in der ganzen Kommunikation immer wieder abholen und mitnehmen.

Ein Beispiel: Ein guter Arzt erzählt uns doch auch nicht: »Ich habe in Harvard studiert«, und hält uns lange Vorträge über Medikamente. Er untersucht uns gründlich, stellt uns Fragen (»Wo tut's denn weh?«) und passt anschließend die Medikation genau auf unsere Situation an (»Nimm dreimal täglich das und das.«). Wenn du Vertrauen zu diesem Arzt hast, dann kommt dir gar nicht in den Sinn zu sagen: »Jetzt hole ich mir aber erst noch ein Gegenangebot!« Möglich, dass wir uns noch eine zweite Meinung holen wollen. Aber haben wir dann wirklich Vertrauen zu diesem Arzt?

In unseren Vertriebsseminaren trainieren wir, wie diese drei Säulen des Vertrauens aufgebaut und kommuniziert werden. Vielleicht möchtest du dir das einmal ansehen. Nähere Informationen findest du auf unserer Website. Den Link findest du am Ende des Buches.

Stärke deine Intuition

Neben dem Vertrauen gibt es noch eine weitere wichtige Triebfeder für unser werteorientiertes *und* abschlusssicheres Verkaufen. Fast jeder von uns ist einem anderen Menschen schon mal rhetorisch auf die Füße getreten. Das machen wir natürlich nicht bewusst. Wir haben einfach verlernt, auf unsere **Intuition** zu hören. Einer der Gründe dafür ist, dass wir als Kind von unseren Eltern belogen wurden. Das hört sich jetzt im ersten Moment vielleicht etwas krass an. Ich möchte damit sagen, dass einige von uns als kleines Kind zu unserer Mutter oder zu unserem Vater hingegangen sind, wenn wir gemerkt haben, dass es ihnen nicht gut ging, und gefragt haben: »Mama, Papa, ist alles in Ordnung?«

Was haben die Eltern in der Regel auf unsere Frage hin gesagt: »Es ist alles gut«, oder? Eltern machen das nicht mit böser Absicht.

Sie kennen es oftmals nicht anders und ihre innere Ausrede lautet: »Ich will mein Kind nicht mit meinen Problemen belasten.« Nun ja, wir wollen sie im gleichen Atemzug aber auch nicht belügen, sondern fördern. Ich löse solche Momente inzwischen so: Meine kleine Tochter ist hochempathisch. Wenn sie zu mir kommt und mich fragt, ob alles in Ordnung ist, doch es ist gerade nicht so, dann sage ich: »Nein, es ist gerade nicht in Ordnung. Aber weißt du, wir Erwachsenen, wir haben das schon mal. Und morgen ist es wieder gut.«

Punkt Nummer 1: Es war eine Fragetechnik, die die Kleine angewendet hat. Sie hat Intuition. Und das mit acht Jahren. Punkt Nummer 2: Sie lernt, ihrem Gefühl zu vertrauen, weil sie merkt: Es war richtig, was ich an der Stelle gespürt habe!

Mir selbst ging es durch meine ehrliche Aussage auch schon wieder besser. Die Krönung war aber dann, als meine Tochter mir vorschlug: »Nur mal angenommen, Papa, ich würde dich mit meinem lila Einhorn spielen lassen. Wäre das cool für dich?«

Ich dachte: »Eine Hypothese-Technik, wie schön!« (Auf die kommen wir gleich zu sprechen.) Und ein lila Einhorn war natürlich genau das, was ich in dem Moment brauchte.

Meine Tochter hat an dem Tag Folgendes gelernt: »Ich habe einen Einfluss.« (Bitte nicht zu verwechseln mit: Ich habe Verantwortung – denn die Verantwortung für unsere Launen sollten wir Erwachsenen niemals auf unsere Kinder abwälzen.) Und: »Ich kann meinem Gefühl vertrauen.« Es hat auch was mit unserer Beziehung gemacht, denn die Beziehung wächst automatisch, wenn man an einem Denkmuster arbeitet. Und das ist ja genau das, was wir auch als Verkäufer brauchen. Daher möchte ich dir an dieser Stelle wirklich ans Herz legen, dich dem Thema Intuition verstärkt zuzuwenden. Sie hat die Kraft, jegliche Kommunikation mit Menschen und dein ganzes Leben zu erleichtern.

Der Vertrag mit dir selbst

Bevor du weiterliest, empfehle ich dir außerdem, einen Vertrag mit dir selbst zu schließen. Du fragst dich jetzt vielleicht: Braucht es solche Spielchen? Die Antwort ist ganz einfach: **Dein Unterbewusstsein reagiert sehr stark auf deine Erwartungen, Ziele und Wünsche.**

Wie bei deinem Navigationssystem solltest du deshalb auch für dich persönlich ein bestimmtes Ziel eingeben und aufschreiben, was du dafür tun möchtest. Erwartest du mehr Effizienz beim Verkaufen? Möchtest du fokussierter werden? Erfolgreicher? Was bedeutet für dich eigentlich Erfolg? Wie soll es deinem *Kunden* beim Verkaufen gehen? Ist dir der Kunde wichtig? Wenn ja, woran soll er das merken?

Gleiches gilt auch für dieses Buch: Was ist dein Ziel an die Lektüre dieses Buches? Was tust du dafür? Bleibst du aufmerksam dabei? Willst du die Übungen, die ich in diesem Buch mit dir teile, durchführen? Alle?

Schreibe diese Punkte auf. Diesen Vertrag schließt du mit dir selbst. Möchtest du dich daran halten? Bist du es wert, einen eigenen Vertrag mit dir zu halten? Was macht diese letzte Frage mit dir?

Und wie sieht dein Vertrag mit dir selbst aus? Lies, wenn möglich, erst danach weiter.

Der Vertrag mit mir selbst

Datum, Unterschrift

Drei Fragetechniken, die nur die Top-Verkäufer kennen

Vielleicht hast du schon von Fragetechniken im Verkauf gehört. Dann empfehle ich dir, diesen Abschnitt noch einmal offenen Herzens und Geistes zu lesen, so als wäre es das erste Mal. Gerade die erste Technik, die ich gleich mit dir teile, ist vielen Verkäufern bekannt. Sie wenden sie aber falsch an. Die zweite Technik ist schon weniger Leuten bekannt. Und speziell die dritte Technik ist ein echter Knaller, den nur die wenigsten Menschen kennen. Mit ihr bringst du jedes Gespräch in die gewünschte Richtung. Darum zeige ich sie dir ganz am Schluss.

Fragetechnik Nummer 1: Die einfache Frage

Die einfache Frage gibt es in zwei Ausführungen:

1. Die offene Frage
2. Die geschlossene Frage

Was ist nun besser, die offene oder die geschlossene Frage? Wenn ich Verkäufer das frage, dann sagen mir die meisten: »Die offene Frage.« Das ist nicht ganz verkehrt. Es ist aber auch nicht ganz richtig. In der Fachliteratur würde zu diesem Thema stehen: Wir stellen die offene Frage,

- damit wir im Dialog bleiben und mehr Antworten bekommen.
- damit wir kein »Ja« oder »Nein« als Antwort erhalten.

Das stimmt alles, aber es ist eher nett (und nett ist bekanntlich die kleine Schwester von … wem auch immer). Mit nett kannst du draußen im Verkaufsgespräch nicht viel anfangen. Dazu kommt: Beide Male stehe ich als Verkäufer im Vordergrund.

Du kannst das ganz einfach überprüfen, indem du dir bewusstmachst, wie oft in deinen Gesprächen (auch: E-Mails oder Angeboten) das Wort »ich« bzw. »wir« und wie oft »Sie« bzw. »der Kunde« vorkommt. Das lässt dein wahres Ziel erkennen.

Der Hauptgrund für das Stellen von offenen Fragen besteht darin, dass der Kunde anfangen muss zu reflektieren. Wenn der Kunde in die Reflexion geht, kommen wir in den unterbewussten Bereich hinein, *unter* die Wasseroberfläche des Eisbergs.

Im unterbewussten Bereich, da hast du keinen Wettbewerb mehr. Das ist der Dreh- und Angelpunkt dabei!

Ich sehe es selbst bei den absoluten Profi-Verkäufern nur extrem selten, dass sie es schaffen, in den unterbewussten Bereich zu kommen. Lies das entsprechende Kapitel über den Eisberg noch mal, wenn du dich nicht mehr vollständig daran erinnerst. Es ist wichtig.

Durch Fragen finde ich als Verkäufer also nicht nur heraus, was mein Kunde will, sondern was er wirklich braucht. Und wie die Lösung für das, was er braucht, aussieht – dafür bin ich doch der Fachmann! Genial einfach, oder?

Zu den einfachen offenen Fragen, die du stellen kannst, gehören die W-Fragen: wer, wie, was, wieso, weshalb? Alle Fragen, die dir dabei helfen, mehr über deinen Kunden und seinen Bedarf herauszufinden.

Und was ist mit geschlossenen Fragen?

Auch mit der geschlossenen Frage (Kunde antwortet mit »Ja« oder »Nein«), die bei vielen verpönt ist, kannst du sehr coole Ergebnisse erzielen. Warum? Richtig eingesetzt, führt sie den Kunden auf eine positive Ja-Straße. Das heißt: Dein Kunde nickt mehrmals zustimmend, wenn du ihm diese Fragen stellst. Vereinigten Staaten. Ich komme nachher darauf zurück.

Vorsicht vor Suggestivfragen!

Mir ist es ein wichtiges Anliegen, dir zu vermitteln, dass wir alles, was wir hier tun, immer auf der hellen Seite der Macht einsetzen. Theoretisch kannst du es auch anders einsetzen. Doch meine Meinung ist: Es kommt immer alles irgendwann wieder zu uns zurück. Und glaub mir, die helle Seite ist viel effizienter. Kurzfristig, mittelfristig und auch langfristig.

Es gibt Fragen, die in den suggestiven Bereich gehen, wenn z. B. jemand zu dir sagt:

»Schönen guten Tag, Sie wollen doch bestimmt auch Ihre Telefonrechnung halbieren, oder?«

Bzw.: »Sie möchten doch bestimmt auch im Alter viel Geld haben, oder?«

Ich erwidere auf solche Fragen grundsätzlich: »Ja, möchte ich. Aber ich möchte nicht, dass Sie mir dabei helfen.«

Diese Antwort habe ich tatsächlich mal meiner Bankberaterin gegeben, als sie mir die vorangegangene Frage stellte. (Das war nicht sehr höflich, ich weiß, aber sie hatte angefangen!) Sie kam wahrscheinlich frisch aus einem Seminar und wollte die Technik gleich an mir ausprobieren. Ein solches Vorgehen ist suggestiv und geht sogar ins Manipulative. Wenn du es ernst meinst, dann kann diese Ja-Straße sehr mächtig sein. Hier ein Beispiel für eine Ja-Straße aus dem Mund eines Kindes. Mein Sohn war zu dem Zeitpunkt noch im Kindergarten und die Wärterin – ich meine natürlich die Kindergartenleitung – sah aus wie der Drache Smaug aus *Der kleine Hobbit*.

»Smaug« machte uns an dem Morgen die Tür auf und begrüßte die anderen Eltern und mich mit den Worten: »Wir haben heute kein Personal. Nehmt eure Kinder wieder mit. Ihr werdet das schon irgendwie organisiert bekommen.« Sie hat es zwar nicht wortwörtlich so gesagt, aber das war ihre Kernaussage.

Mein Sohn ging zu ihr hin und brachte sie, ohne sich dessen bewusst zu sein, auf eine Ja-Straße. Du kannst dir die Größenverhältnisse ungefähr vorstellen, ähnlich wie David gegen Goliath. Der Junge sagte zu Smaug: »Du? Weißt du?« Dabei nickte er und ging noch näher an sie heran.

Und sie beugte sich leicht zu ihm runter und fragte: »Ja?«

Und er sprach weiter: »Heute ist mein Glückstag!« Dazu nickte er wieder.

Smaug öffnete sich noch weiter: »Ja?«

Mein Sohn: »Ich hasse den Kindergarten – und heute hat er zu!«

Du hast das Klatschen dieses Satzes so richtig gehört! Die anderen Eltern, die dabei waren, haben sich alle vollkommen überrascht angeschaut. Das JA kann unwahrscheinlich öffnend sein. Halte dir das immer wieder vor Augen.

Der feine Unterschied zwischen Manipulation und Beeinflussung

Unter Verkäufern herrscht oft Verwirrung und Unklarheit darüber, was wir im Kundengespräch tun und wie weit wir gehen dürfen. Selbst nützliche und wirkungsvolle Fragetechniken werden genau aus dem Grund nicht angewendet. Doch Fragen sind wichtig und richtig, wie du gleich noch sehen wirst.

Hier meine ganz persönliche Definition und Unterscheidung: »Manipulation ist gut für mich als Verkäufer.«

Bei dieser Einstellung ist mir der Kunde komplett egal. Oder zumindest nicht so wichtig.

»Beeinflussung ist gut für dich, lieber Kunde. Und warum soll ich davon nicht auch einen Vorteil haben? Aber du, lieber Kunde, stehst im Vordergrund.« Wir machen nur dann einen Deal, wenn es wirklich Gewinn-Gewinn ist. Wenn *beide* daran partizipieren. Bemerkst du den Unterschied?

Ein schönes Beispiel für eine wirkungsvolle Frage an der Stelle, z. B. für ein 1:1-Gespräch, wäre: »Ich habe da noch einen Tipp für Sie, möchten Sie ihn hören?«

Die Ja-Nein-Frage (geschlossene Frage) ist also durchaus machbar, doch sie führt uns, wie bereits erwähnt, schnell in den Suggestiv-Bereich hinein.

Es gibt einen Trick, wie du die Ja-Nein-Frage dennoch anwenden kannst. Er lautet so: Du kannst die Ja-Nein-Frage dann einsetzen, wenn du wirklich mit tiefstem Herzen bei deinem Gesprächspartner bist. Wenn nicht, wird derjenige das spüren.

Es ist wie bei einem Arzt, der vom Gefühl her wirklich bei dir ist. Diesen Menschen lässt du so viele Fragen stellen, wie er möchte. Aber wenn er direkt anfängt und seine erste Frage lautet: »Sind Sie eigentlich Privat- oder Kassenpatient?«, du sagst: »Privatpatient.« Und er fragt: »Können Sie sich eigentlich das und das noch leisten?«, dann fragst du dich, in welche Richtung das Gespräch geht und wirst es daraufhin schnell beenden.

<u>Mein Tipp an dich lautet:</u>
Nutze überwiegend die offene Frage. Und dort, wo es sinnvoll ist, setze auch die Ja-Nein-Frage guten Gewissens ein.

<u>Fragetechnik Nummer 2: Aussage und Frage</u>

Bei der Technik »Aussage und Frage« steuern wir die Gespräche in eine gewisse Richtung. Ich gebe dir direkt ein Beispiel, damit es klar wird, was ich damit meine: Ein Kollege (und in diesem Projekt Wettbewerber) und ich waren beim gleichen Kunden zum Erstgespräch eingeladen – unabhängig voneinander. Mein Kollege flog dabei raus und wusste nicht wieso. Folgendes war passiert: Mein Kollege kann etwas, was wir bei tri*up* auch können: Trainingsergebnisse messbar machen. Kurz zum Hintergrund: Es macht Sinn, wenn man die Messmethoden den Teilnehmern in die Hand gibt und nicht den Führungskräften – denn sonst entsteht Kontrolle.

Mein Kollege sagte in diesem Erstgespräch zum Personalvorstand: »Übrigens, wir können Trainingsergebnisse messbar machen.« Daraufhin flog er als möglicher Kandidat raus. Was war passiert? Die hausinterne Compliance hatte es verboten, Trainingsergebnisse messbar zu machen. Mein Kollege hatte nur gesagt: »Wir *können*«, doch der Personalvorstand auf der anderen Seite hatte anscheinend nicht richtig zugehört und mein Kollege hatte seinerseits nicht richtig auf seine Intuition geachtet – und schon war das Gespräch vorbei.

Nach dem Prinzip von Aussage und Frage stellte ich dem gleichen Kunden die Frage so: »Lieber Herr Kunde, viele unserer Kunden möchten Trainingsergebnisse messbar machen. Wie sieht das bei Ihnen aus?« Da sah mich der Mann ganz scharf an und sagte: »Herr Stöcker, das dürfen Sie bei uns gar nicht. Das verbietet die hausinterne Compliance.«

Ich fuhr fort und setzte die gleiche Technik erneut ein: »Es ist gut, dass Sie das so sagen. Dann notiere ich mir das hier und dann machen wir das bei Ihnen natürlich nicht. Einverstanden?«

Es hätte aber auch Folgendes passieren können – und genau aus dem Grund finde ich dieses Beispiel so passend: Stell dir vor, die hausinterne Compliance hätte es *nicht* verboten. Dann steuere ich mit dieser Technik unter den Eisberg, in den unbewussten Bedarf, und es wird richtig spannend.

Annahme: Die hausinterne Compliance verbietet es nicht. Ich: »Lieber Herr Kunde, viele unserer Kunden möchten Trainingsergebnisse messbar machen. Wie sieht das bei Ihnen aus?«

Kunde: »Ach, Herr Stöcker, Sie können das messbar machen? Wie machen Sie das denn?«

Ich: »In Ordnung, wenn es Sie interessiert, dann können wir gerne einmal durch das Programm durchgehen. Einverstanden?«

Jetzt habe ich den unbewussten Bedarf geweckt, bin mit dem Kunden im Dialog und habe automatisch die Messlatte hochgesetzt. Ich bin mir hundertprozentig sicher, dass er alle anderen Bewerber an diesem Tag auch nach der Möglichkeit des Messbarmachung fragt!

Anderes Beispiel: ein großangelegtes Trainer-Casting. Der Konzern, der das Casting ausgerichtet hatte, plante eine Seminarreihe mit drei Zeitblöcken. Ich fragte die sieben Zuhörer, die vor mir in einer Reihe saßen: »Was machen Sie denn, wenn im mittleren Block jemand ausfällt? Der kann theoretisch nicht am dritten Block teilnehmen. Was machen Sie dann?«

Einer der Verantwortlichen meinte: »Wow, Riesenpunkt!«

Ich: »Wissen Sie, was der Zufall ist? Wir haben das, was Sie hier haben möchten, als offenes Seminar in der Firma. Und nur mal angenommen, ich würde Ihnen jedes Mal einen Platz dort freihalten, wäre das etwas, was Sie interessieren würde?«

Sofort kam die Antwort: »Oh, Herr Stöcker, das wäre toll!«

Ich bin mir hundertprozentig sicher, dass dieser Mann nach mir jeden weiteren Trainer gefragt hat: »Haben Sie das auch als offene Seminare?«

Unter uns: Das Angebot mit dem freien Platz wurde in den ganzen Jahren, die ich inzwischen schon für den Konzern arbeite, nicht einmal genutzt. Aber sie *könnten*!

Die Technik funktioniert, wie du siehst, ganz einfach: Du triffst eine Aussage und schließt diese mit einer Frage ab. Zum Beispiel: »Ist das für Sie interessant?« Mehr nicht. Das war es schon.

Wie eingangs gesagt, bringst du mit der Kombination von Aussage und Frage das Gespräch in eine gewisse Richtung, ohne dem Kunden eine Litanei von Datenblättern zu deinem Produkt oder deiner Dienstleistung herunterrasseln zu müssen und dann zu sagen: »Lieber Kunde, das brauchst du doch auch.« Wichtig, zur Erinnerung: Das Meiste von dem, was der Kunde braucht, ist ihm und uns anfangs nicht bewusst!

Du wirst im Folgenden noch viele praktische Beispiele zu dieser Fragetechnik lesen.

Übung:
Welche Aussage und Frage kannst du künftig für dich einsetzen?

Fragetechnik Nummer 3: Hypothese

Die dritte Technik ist, salopp gesagt, der Knaller in Tüten. Sie begeistert mich in ihrer Einfachheit und Wirksamkeit immer wieder. Es ist die wirkungsvollste Fragetechnik und selbst die Verkaufsprofis setzen diese kaum ein.

Hypothese bedeutet, du kreierst ein fiktives Bild im Kopf deines Kunden: »Nur mal angenommen …« oder »Stellen Sie sich mal Folgendes vor …« In dem Moment, wo du Worte wie diese sagst, folgt das Hirn des anderen und du nimmst deinen Kunden auf eine geistige Reise mit.

Auch hierzu ein Beispiel, eine wahre Geschichte aus dem Hause Stöcker: Meine Frau und ich hatten vor Kurzem ein kleines Verkaufsgespräch (was für ein Zufall). Ich muss bei ihr natürlich immer sehr aufpassen, weil sie alle unsere Taktiken kennt. Der Hintergrund: Der Besitzer unseres Fitnessstudios hatte gewechselt und bei diesem Wechsel waren eklatante Fehler passiert. Viele Bestandskunden hatten ihre Mitgliedschaft in dem Zuge schon gekündigt oder waren dabei, sich die Kündigung zu überlegen. Ich wollte herausfinden, ob es mir möglich sein würde, Kunden zu halten – in diesem Fall meine Frau. Denn auch sie hatte mir schon mitgeteilt, dass sie sich überlege, ebenfalls auszutreten.

Daraufhin fragte ich sie, was sie hätten machen müssen, um meine Frau als Mitglied zu halten (offene Frage).

Sie antwortete: »Halber Preis.«

Halten wir kurz fest: Genau an der Stelle gibt es zwei Arten von Verkäufern. 95 Prozent der Verkäufer fühlen sich angegriffen und denken: »Du blöde Kuh, halber Preis, das ist Majestätsbeleidigung!« Und innerlich steigen sie aus. Die anderen fünf Prozent versuchen noch zu argumentieren: »Also, hören Sie mal, liebe Kundin, 2.000 qm beheizte Fläche hier und jede Menge tolle Geräte von Nautilus. Nautilus – na, klingelt was? Klingelt nichts?«

Diese Verkäufer versuchen zu argumentieren, was das Zeug hält – und das geht schief. Fakt ist, die Frau ist in dem Gespräch noch gar nicht angekommen und es ist meine Aufgabe als Verkäufer, damit umzugehen. Außerdem dürfen wir uns immer wieder in Erinnerung rufen, dass Menschen uns rhetorische Köder setzen – sie sprechen oft über das, um was es *nicht* geht (halber Preis). Sie setzen uns den grünen Punkt vor die Nase statt der weißen Fläche. Das Ganze ist so magisch, dass die meisten Verkäufer davon nicht wegkommen. Die Kunden verschieben dabei unbewusst den Fokus. Es ist unsere Aufgabe, das zu erkennen und den Fokus wieder auf die weiße Fläche zu lenken. Lies dazu am besten auch noch mal den Abschnitt über rhetorische Köder in Kapitel 4.

Übrigens: Dass uns der Kunde mit dem halben Preis angreifen will, ist unser Denkmuster (Paradigmen – du erinnerst dich?). Der Kunde will uns gar nicht angreifen! Das liegt überhaupt nicht in seinem Interesse. Er hat vielleicht selbst Angst, eine falsche Entscheidung zu treffen. Und genau dabei können wir ihm helfen. Das ist ein völlig anderer Blickwinkel, oder? (Auch hier: grüner Punkt und weiße Fläche.)

Das Gespräch mit meiner Frau ging weiter: »Schatz, der Preis ist eine superwichtige Sache«, sagte ich. »Und darüber hinaus, was ist dir noch wichtig?« (Aussage und Frage)

Hast du gemerkt, was ich gemacht habe? Ich habe eine Klammer um das zuerst Gesagte geschlossen, und dann bin ich weiter im Text gegangen.

Und sie antwortete: »Kinderbetreuung.« Das größte Problem einer jungen Mutter ist die Flexibilität. Die ist nämlich erst mal weg, wenn die kleinen (B-)Engel auf der Welt sind.

Ich dachte: »Ah, guter Punkt.«

An dieser Stelle muss ich kurz ausholen: Das alte Fitnessstudio hatte eine Kinderbetreuung. Der neue Betreiber war zunächst der Meinung, dass Kinderbetreuung nichts mit Fitness zu tun habe: Allerdings war er ein ziemlich helles Kerlchen. Er ist nach unserem Gespräch »selbstständig« auf die Idee gekommen, sie wieder anzubieten. Und er war so schlau, dass er sogar gesagt hat, dass die Kinderbetreuung nicht nur vormittags, sondern auch nachmittags angeboten wird.

Das Gespräch mit meiner Frau ging weiter. Ich stellte eine Hypothese (Technik 3) auf: »Hör mal, Schatz, nur mal angenommen, das neue Fitnessstudio würde auch wieder Kinderbetreuung machen, würde dich das begeistern?«

»Ach, das wäre cool«, meinte sie.

Das war es, was ich hören wollte. An dieser Stelle setzte ich noch einen Verstärker ein: »Nur mal angenommen (Hypothese), das neue Fitnessstudio würde die Kinderbetreuung nicht nur vormittags anbieten, sondern auch nachmittags, damit ihr Mütter noch flexibler seid, wie hört sich das für dich an?«

»Das wäre der Hammer«, kam zur Antwort.

»Nur mal angenommen (Hypothese), die würden das machen, würdest du bleiben?« (Abschluss)

»Ja klar.«

»Auch zum alten Preis?« (Geschlossene Frage = Abschlussfrage)

»Ja, auf jeden Fall!«

Der Hinweis »Nur mal angenommen … würdest du dann kaufen?« hat an der Stelle eine andere Wirkung als: »Nur mal angenommen … würde dich das interessieren?« Merkst du den Unterschied? Bei welcher Variante würdest du dich als Kunde besser fühlen und eher kaufen?

Und der Hinweis auch an dieser Stelle, weil es mir wichtig ist, hier wirklich ethisch vertretbar zu handeln: Diese Technik ist unbedingt mit der richtigen inneren Haltung zu nutzen, weil sie ins manipulative gehen kann. Mit der falschen Haltung richtet sie sich gegen den Kunden – und der Kunde würde es genau spüren. In meinen Augen ist das ein absolutes No-Go!

Die Hypothese ist eine der stärksten Verkaufsformen, die wir als Verkäufer zur Verfügung haben. Das Schöne: In diesem Verkaufsgespräch war zu keinem Zeitpunkt irgendein Druck spürbar. Wenn Druck im Verkaufsgespräch drin ist, dann läuft etwas verkehrt. Immer! Und interessanterweise ist in fast jedem Verkaufsgespräch da draußen Druck. Wenn wir Videotrainings hier bei uns im Seminar machen, kann ich von Weitem sehen, wer der Verkäufer ist und wer der Kunde.

Frage dich bei der Anwendung der Hypothese-Technik einfach: Was ist die Wirkung, die dein Kunde gerne hätte? Und dann kreiere ihm dazu ein geistiges Bild.

Hier ein paar Formulierungshilfen:

»Mal angenommen …«
»Stellen Sie sich Folgendes einmal vor …«
»Gesetzt den Fall, das wäre lösbar ...«
»Wenn diese Herausforderung nicht bestünde ...«
»Sagen wir mal, das wäre lösbar …«

Übung 1:
Welche drei Hypothesen könntest du in dein Verkaufsgespräch einbringen, die dir dabei helfen, genau auf die erwünschte Wirkung bei deinem Kunden abzuzielen?

Übung 2:
Schreibe zu jeder Fragetechnik drei Beispiele auf.

Kapitel 6
Was dein Angebot unwiderstehlich macht und außer Konkurrenz sein lässt

Menschen kaufen exakt aus drei Gründen:

- Weil sie einen **Wunsch** haben,
- Weil sie ein **Bedürfnis** haben,
- Und/oder weil sie ein **Problem** haben.

Wenn ich Geschäftsführer frage: »Warum kaufen eure Kunden bei euch?«, dann sagen sie in der Regel:

»Tolle Qualität« oder »super Service«.

Frage ich tiefer nach, kommt die Antwort: »Eigentlich wissen wir es nicht genau.«

Danke für die Ehrlichkeit! Denn so ist es bei den meisten.

Merke dir daher für die Zukunft ganz einfach: Menschen kaufen, weil sie einen Wunsch, ein Bedürfnis und/oder ein Problem haben. **Das Gute für uns als Verkäufer: Wir müssen nicht mal unterscheiden, ob es ein Wunsch, ein Bedürfnis oder ein Problem ist!**

Wenn eine Frau zu ihrem Mann sagt: »Schatz, ich habe nichts anzuziehen«, dann ist das für sie ein **Problem**. Ihr Mann sieht das möglicherweise ganz anders. Er sagt oder denkt: »Du hast doch schon 100 Paar Schuhe. Du hast den **Wunsch** nach einem weiteren Paar.« Die gleichen Beispiele gibt es natürlich auch in der Männerwelt. Wir Männer machen uns ja auch mit Flachbildschirmen unter 85 Zoll die Augen kaputt, oder?

Und hör mal bei einer Diskussion in einem Unternehmen zu, wenn es um die Firmenwagenregelung geht. Wehe, bei der Marke oder in anderen Aspekten soll heruntergeschraubt werden. Da wird mit jeder Menge »Problemen« argumentiert, warum das auf gar keinen Fall funktioniert.

Für uns als Verkäufer ist es letztlich komplett egal, ob jemand einen **Wunsch**, ein **Bedürfnis** oder ein **Problem** hat. Wir brauchen es auch nicht zu beurteilen. Am Ende des Tages verkaufen wir immer die Emotionen, die mit dem Produkt oder der Dienstleitung verbunden sind.

Eine Zigarettenmarke, deren Werbung heute so nicht mehr läuft, hat früher mit einem Mann, der auf seinem Pferd in den Sonnenuntergang ritt, das Gefühl von Freiheit verkauft. Sie verkauften nicht Zigaretten, Rauch und gelbe Fingernägel, sondern Freiheit. Fachlich ist das super, was sie gemacht haben. Gleichzeitig ist diese Werbung aus meiner subjektiven Sicht irreführend – und vielleicht ist es ja sogar mittlerweile verboten.

Eine Fastfood-Kette mit dem Slogan »Ich liebe es« wirbt für das gute Gefühl, diesen Laden und seine Produkte zu lieben. »Gesunde Vitamine naschen« ist ein anderer Spruch, den du vielleicht kennst. Hier werden keine Bonbons verkauft, sondern Genuss und sogar Gesundheit in Kombination mit gutem Gefühl. »Freude am Fahren.« Der Autohersteller hinter diesem Claim sagt nicht: »Wir haben das geilste Auto der Welt«, sondern er verkauft die Freude an diesem Fahrgefühl. Wir als Käufer wissen natürlich: Egal von welcher Marke, die Autos bringen dich heutzutage alle trocken und sicher ans Ziel. Doch es gibt Menschen, die allein für dieses Gefühl viel Geld ausgeben, um sich das nächsthöhere Modell leisten zu können.

Du siehst damit, wie mächtig das Ganze ist, und damit geht auch eine Verantwortung einher. Alle Beispiele funktionieren. Ich halte aber nicht alle für ethisch vertretbar.

Übung:
Schreib auf, was Wunsch, Problem und Bedürfnis bei deiner Zielgruppe ist. Was ist die tiefere Emotion dahinter?

Achte dabei vor allem auf die Adjektive (Wie-Wörter). »Gut« ist hier nicht gut genug! Was bedeutet »gut« bei »gutem Service?« Was genau macht den Service gut? Sei konkret.

Führe Gespräche mit deinen Kunden darüber. Frage sie: »Warum arbeiten Sie so gerne mit uns zusammen? Was bekommen Sie bei uns?«

Nutze die Fragetechniken, die du schon gelernt hast. Versuche herauszufinden, was der wirkliche Grund ist, warum deine Kunden zu dir kommen.

Der Nutzen deines Produkts

König Salomon hätte dieses Buch gelesen! Denn König Salomon, so heißt es im Buch der Bücher, hatte einmal die Aufgabe, den Streit zweier Frauen zu schlichten. Die beiden zankten sich um ein Baby. Jede der beiden behauptete, die Mutter des Kindes zu sein. Salomon stand vor der schwierigen Aufgabe zu entscheiden, welche der beiden Frauen recht hatte und wem das Kind gehörte.

Heute wäre die Lösung wesentlich einfacher, aber damals gab es die entsprechenden Methoden noch nicht.

Was hat er gemacht? Er nahm das Kind, holte sein Schwert heraus und rief: »Dann soll jede von euch die Hälfte bekommen!«

Was passierte daraufhin? Die falsche Mutter sagte: »Wenn ich es nicht bekomme, soll die andere es auch nicht haben!« Die richtige Mutter hingegen sagte: »Dann gib mein Kind der anderen Frau. Mein Kind soll leben.« Und damit hatte Salomon die Gewissheit, welche die richtige Mutter war. Eine echte Mutter wird immer im Interesse ihres Kindes handeln.

Salomon, der kluge Kopf, hat in dieser Situation nichts anderes gemacht als geprüft: Was ist Wunsch, Problem und Bedürfnis meiner Zielgruppe – hier, der wahren Mutter des Kindes? Eine junge Mutter wacht morgens auf und fragt sich als Erstes: »Geht es meinem Kind gut?« Und mit dem gleichen Gedanken geht sie auch abends ins Bett.

Hieran siehst du, wie mächtig die Sache mit Wunsch, Problem oder Bedürfnis ist. Cool, oder? Hast du es schon für deine Zielgruppe notiert? Wenn nicht, mach es jetzt. Denn alles, was wir im weiteren Verlauf besprechen, zielt darauf ab.

Im ersten Teil dieses Buches habe ich dir bereits erzählt, dass mich meine Kunden manchmal als Berater mit zu ihren Kunden nehmen – bei großen Deals, Verhandlungen und wichtigen Entscheidungen. Die eigentlichen Produkte oder Maschinen, um die es geht, bekomme ich selten zu Gesicht. Doch auf was ich mich akribisch vorbereite, sind vier Punkte.

Die ersten drei Punkte bestehen, wie wir bereits besprochen haben, aus **Wunsch**, **Bedürfnis** und **Problem** des Kunden meines Kunden. Doch Punkt 4 resultiert aus den ersten drei Punkten: Es ist der **Kundennutzen**. Der Kundennutzen ist der Grund, weshalb ich als Kunde das Produkt kaufe.

Merke dir schon an dieser Stelle: Als Kunde kaufe ich nie das Produkt, sondern immer den Nutzen. Oder anders formuliert: Die schlechteste Art zu verkaufen, ist über das Produktmerkmal.

Bei einem Kopierer geht es nicht darum, welche Formate das Gerät kopiert, wie viele Seiten es in der Minute schafft und ob es »Duplex« kann oder nicht. Bei einer Geldanlage geht es nicht um die einzelnen Inhalte. Die genauen Hintergründe versteht der Kunde meist gar nicht. Er kauft letztendlich das GEFÜHL der Sicherheit und auch von Hoffnung.

Wenn du aus dem Marketing kommst, hast du vielleicht gelernt: »Stelle das Alleinstellungsmerkmal heraus.« Dieser Aspekt wurde eines Tages aus dem Marketing in den Vertrieb übernommen – stimmt aber für den Vertrieb überhaupt nicht! Und zwar deswegen nicht, weil sonst alle Kunden gleich wären. Kunden sind aber nie alle gleich. Wenn es so wäre, dann wäre für dich der gleiche USP eines Produkts oder einer Dienstleistung interessant wie für jeden anderen Kunden. Das ist in der Regel nicht der Fall. Sonst würden wir alle die gleichen Autos fahren.

»Unter 300-400 PS brauchst du mir nicht zu kommen«, sagt der eine, der ein schnelles Auto fahren will.

Ein anderer sagt: »Es muss viel in den Kofferraum hineinpassen, ich muss flexibel sein.«

Der Dritte sagt: »Wenn's kein Wohnmobil ist, interessiert es mich nicht.«

Der Nutzen ist das, was uns interessiert. Und nur der!

Die Übung, die jetzt gleich folgt, ist die schwierigste überhaupt, um dies auf den Punkt zu bringen. Doch ich garantiere dir, wenn du es einmal gemacht hast, wird es in Zukunft sehr leicht für dich. Es interessiert uns immer nur der Kundennutzen – sonst nichts.

Mein Tipp:
Gib das bitte auch an deine Marketingabteilung weiter und spielt es mit euren Kunden durch. Ihr werdet sehen, dass ihr dadurch besser und besser werdet.

Automatisch steht dabei auch der Kunde im Vordergrund. Genial, oder? Denn das ist ja das Ziel, das wir auf den ersten Seiten dieses Buches in unser Navi eingegeben haben. Dazu muss ich natürlich herausfinden: Wo brennt meinem Kunden denn überhaupt der Kittel?

Um noch mal den Arzt zu zitieren: Ein guter Arzt untersucht uns erst mal gründlich und fragt: »Na, wo tut's denn weh?« Erst wenn ich die wahre Ursache gefunden habe, kann ich das passende Medikament dazu geben – in unserem Fall ist dies das Produkt bzw. unsere Dienstleistung.

Nutzen durch Klarheit

Von meinen Kunden werde ich, wie zu Beginn bereits erwähnt, oft der »Klarheitsbringer« genannt. Warum? Weil ich ihnen mit meinem Blick auf die Dinge etwas eröffne, was sie vorher selbst nicht gesehen haben. Jedem von uns tut der Austausch mit anderen gut. Nicht umsonst lassen sich Weltklasse-Sportler, auch wenn sie schon oben an der Spitze sind, immer wieder coachen und beraten. Aus *diesem* Grund sind sie an der Spitze!

Vor einiger Zeit hatte ich ein Gespräch mit dem Geschäftsführer eines Unternehmens. Das Unternehmen beschäftigt 500 Mitarbeiter. Ein großes Meeting mit ca. 50 Managern stand in Kürze an, in dem eine neue Strategie vorgestellt werden sollte. Es war alles schon vorbereitet. Der Inhaber des Unternehmens hatte noch ein paar Fragen und war sich an der einen oder anderen Stelle nicht ganz sicher in Bezug auf die Vision. Er stellte mir die Vision im Gespräch vor. Ich hörte aufmerksam zu und fragte ihn im Anschluss: »Was glauben Sie, welche Frage sich die Manager im Meeting stellen werden? ›Und welchen Nutzen haben unsere Kunden davon?‹«

»Stimmt«, sagte er.

»Und wie ist die Antwort darauf?«

Kurze Pause. »Herr Stöcker, ich glaube, wir müssen uns noch mal zusammensetzen.«

Letztlich läuft immer alles auf KLARHEIT hinaus. Je klarer du dir über den wahren Nutzen von allem bist, was du tust, umso klarer kannst du ihn kommunizieren. Klarheit ist letztlich auch die Grundlage für das Wachstum deines gesamten Unternehmens – und deiner Persönlichkeit.

Wie du deinen Kundennutzen herausfindest

Gehen wir das Ganze jetzt einmal Schritt für Schritt für dich durch. Sagen wir, der Reifen eines bekannten Herstellers hätte als Produktmerkmal eine XPR-Gummimischung. Das ist ein fiktives Beispiel, diese Mischung gibt es nicht. XPR-Gummimischung, denkst du im ersten Moment. Nie was von gehört. Und damit bist du nicht alleine – denn viele andere Leute auch nicht. Menschen, die sich mit Reifen bis ins kleinste Detail auskennen, rufen jetzt vielleicht: »Wow, XPR-Gummimischung? Wie geil ist das denn?« Wenn du nicht zu denen gehörst, dann sitzt du gähnend vor dem Rechner und der Kaffee kann gar nicht stark genug sein, damit du nicht mit dem Kopf auf die Tastatur knallst. Was du als Käufer willst, ist ein toller neuer Reifen für dein Auto.

Schauen wir mal etwas tiefer hin: Der Vorteil dieser XPR-Gummimischung ist der ultimative Grip. Da wird es schon ein bisschen interessanter, oder?

Der Vorteil »ultimativer Grip« ruft bei verschiedenen Menschen unterschiedliche Reaktionen hervor. Die einen denken an Sicherheit: »Da kann mir nichts passieren.«

Wieder andere denken an Speed: »Damit bin ich der Erste, der an der Ampel Gas gibt, oder der Erste, wenn ich in die Kurve gehe.« Der Dritte kann mit dem ultimativen Grip gar nichts anfangen.

Die wenigsten Menschen abstrahieren das auf sich und auf die eigene Situation. Wir denken in unserer Kernkompetenz: Das ist doch alles selbstverständlich. Nein, ist es nicht!

Das ist der Moment, wo der Nutzen ins Spiel kommt. Nur mal angenommen, wir ziehen diesen Reifen auf unser Familienauto drauf und meine Frau fährt mit meinen zwei kleinen Kindern auf der Autobahn. Der Wagen vor ihr macht eine Vollbremsung. Sie steigt scharf auf die Bremse – und kommt exakt einen Zentimeter hinter dem anderen zum Stehen. Dank der XPR-Gummimischung hat sie sich einen Meter Bremsweg gespart. Einen ganzen Meter. JETZT interessiert mich als Mann und Familienvater die XPR-Gummimischung! Ansonsten hätte meine Frau einen Meter tief im Kofferraum des Vordermanns geparkt. Und ich möchte nicht wissen, wie es dann meiner Frau und meinen Kindern ergangen wäre.

Was darf dieser Reifen mehr kosten? Es geht um die Sicherheit meiner Kinder und meiner Frau. Da ist der Kostenfaktor fast egal.

Noch mal in Kürze auf den Punkt gebracht, weil es so wichtig ist: Bei dem Begriff »ultimativer Grip« (Vorteil) müssten wir als Autofahrer vom Verständnis her doch eigentlich gleich umschalten auf »mehr Sicherheit« (Nutzen) oder »Ich bin schneller in den Kurven« (Nutzen). Das bekommen die meisten Menschen aber nicht hin.

Kaum jemand hebt die Hand, wenn ich im Seminar frage, ob eine solche Gummimischung für ihn interessant ist. Erst, wenn ich den Vorteil mit reinbringe (»mehr Sicherheit für die Familie«), heben fast alle die Hände. O.K., ein oder zwei Teilnehmer sind dabei, die nicht aufzeigen. Sie denken sich wahrscheinlich: »Was interessieren mich deine Frau und deine Kinder?« Doch ansonsten schafft es die konkrete Darstellung des NUTZENS, die Teilnehmer für diese Gummimischung zu begeistern.

Ich als Kunde weiß nicht mal, ob der Reifen sich bei Kälte und Nässe genauso verhält oder ob der ultimative Grip nur für trockene Fahrbahnen gilt. Und ob es überhaupt stimmt, weiß ich auch nicht. Ich kaufe mir das *Gefühl*. Das Gefühl der Sicherheit. Mehr nicht.

Hier noch ein zweites Beispiel: Im Zuge eines Mystery-Shoppings (ich bin ein Testkunde im Auftrag des jeweiligen Unternehmens oder Inhabers) war ich in einem Bettengeschäft. Der Inhaber wollte mich mit einem Verkaufstraining beauftragen. Wir saßen an dem Tag zusammen in seinem Büro. Er sagte zu mir, er wüsste gar nicht, wie der Status quo in Bezug auf die Kundengespräche im Ladengeschäft sei. Das Ladengeschäft lag in der Kölner Innenstadt. Ich sagte zu ihm (Hypothese): »Nur mal angenommen, wir zwei werden uns jetzt hier handelseinig, könnte ich mir vorstellen, dass ich nachher mal bei Ihnen im Ladenlokal vorbeifahre und kostenlos einmal Mystery-Shopping mache.« Ich hatte nicht ausgeatmet, da hat der Mann schon angefangen zu schreiben. Er sagte: »Geben Sie Gas, der Laden macht gleich zu!«

Ich fuhr also zu dem Geschäft. Schon rein optisch machte es viel her: Die Verkäuferin war sehr elegant gekleidet, der Laden wirkte gut strukturiert. Ich muss dazu sagen: Sie verkaufen dort Boxspringbetten zwischen 4.000 und 12.000 Euro. Für den Preis muss schon etwas Entsprechendes geliefert werden.

Die Dame kam freudestrahlend auf mich zu und fragte, was sie für mich tun könnte.

Ich sagte: »Ich suche ein Bett.«

»Da sind Sie bei uns genau richtig!« (Wenn das kommt, muss ich mich jedes Mal sehr zusammenreißen …) »Kennen Sie Boxspringbetten schon?«

»Nein, kenne ich nicht.«

Und jetzt fing die Verkaufsshow an. Ende der Bedarfsanalyse.

Sie hielt mir zunächst einen Vortrag über Boxspringbetten und zeigte mir mithilfe eines Querschnitts von einer Matratze, aus welchem Stahl die Betten sind, wie sie gehärtet werden, wie viele Federn drin sind … Das alles hat mich nicht mal als Testkäufer interessiert!

»Da sind Rosshaare drin«, sagte sie schließlich. Ganz ehrlich, und wenn es Meerschweinchenhaare wären oder die von einäugigen Einhörnern … Ich sagte zu ihr: »Okay, dann zeigen Sie mir bitte die billigste Matratze.« Wirklich mit Betonung auf billig.

Sie zeigte mir das Modell und ich sagte: »Bieten Sie mir die mal bitte an.« Sie druckte mir das Angebot aus, gab es mir und sagte: »Ich hoffe sehr, dass wir uns wiedersehen.«

Ich erwiderte: »Ich bin mir hundertprozentig sicher.«

(Anmerkung: Wenn du in einem solchen Fall dann später tatsächlich vor Ort bist, musst du im Training sensibel dafür sorgen, dass sich dieser Mensch nicht vorgeführt vorkommt. Das hat hierbei auch wunderbar geklappt.)

Jetzt kommt das eigentlich Interessante an Rosshaaren: Wenn wir schlafen, ändert sich das Schlafklima von warm zu kalt und wir schlagen dadurch oft die Decke vor und zurück. Das hat zur Folge, dass wir aus der REM-Phase (Rapid Eye Movement) herauskommen, in der wir aber viele Dinge verarbeiten. Weil das Schlafklima bei der Verwendung von Rosshaaren gleichbleibt, kommst du mit weniger Schlaf aus. Wie genial! DAS machte mich neugierig und ich wollte mehr wissen.

Rosshaare sind hygroskopisch. Das heißt, sie nehmen Wasser auf und leiten es ab. (Wenn wir kein Experte in diesem Bereich sind, interessiert uns das an der Stelle auch noch nicht wirklich.) Rosshaar, das ist zunächst ein Produktmerkmal. Der *Vorteil* ist das Wasserableitende. Was uns als Kunde nun aber interessiert, ist der *Nutzen*. Und den erklärte mir die Verkäuferin jetzt endlich auch: Wir schwitzen pro Nacht etwa einen Liter aus. Ein halber Liter davon geht in die Matratze, der andere halbe Liter geht in die Luft. Ein halber Liter ist viel! Schau dir das mal in einem Glas an. Und wer Kinder hat, weiß auch, wie viel ein halber Liter im Bett ausmachen kann.

Wenn die Feuchtigkeit nun *nicht* da ist, weil sie durch die Rosshaare abgeleitet wird und sich dadurch das Schlafklima nicht ändert – dann bleiben wir länger in der REM-Phase. Das macht richtig viel aus: Wir kommen unter Umständen mit bis zu zwei Stunden Schlaf weniger aus und stehen viel entspannter auf. Ich als jemand, der zwischen 14 und 16 Stunden am Tag arbeitet, habe plötzlich das *Gefühl*, zwei Stunden mehr Zeit zu haben. Jetzt erkenne ich den Nutzen. Jetzt interessiert mich Rosshaar!

Du erinnerst dich: Menschen kaufen aufgrund des Nutzens, nicht aufgrund eines Produktmerkmals.

Gleiches gilt auch bei anderen Produkten und Dienstleistungen. Nimm Geldanlagen und Aktien: Wenn ich in ein Unternehmen investiere und dessen Aktien kaufe, dann bewerte ich letztlich die Vergangenheit des Unternehmens. Über die Zukunft sagt der Stand der Aktie überhaupt nichts aus.

Jetzt bist du dran! Welchen Nutzen bringst du deinen Kunden? Beginne genauso, wie ich es dir anhand der Beispiele gezeigt habe: zunächst mit dem Produktmerkmal, dann dem Vorteil – und anschließend dem Nutzen. Der Nutzen ist das Wichtigste, darum mach diese Übung wirklich bis zum Ende.

Woran kann **ich** als Kunde festmachen, dass du der Richtige bist, der mir dieses Produkt bzw. diese Dienstleistung verkauft? Welches gute GEFÜHL gibst du mir?

Wie ich vorhin schon sagte, ist dies mit Abstand die schwierigste Aufgabe im professionellen Vertrieb: Wir suchen die wahre **Wirkung bzw. Auswirkung** deines Produkts oder deiner Dienstleistung für den Kunden. Bist du bereit? Dann kann es losgehen.

Übung: Selektiere deine Kunden zunächst nach Zielgruppen.

1. Schreibe das Produktmerkmal, das Merkmal der Firma, deiner Dienstleistung oder eines Teils deines Unternehmens auf.
2. Was ist der Vorteil von diesem in Punkt 1 genannten Merkmal für den Kunden?

3. Was ist der tatsächliche Nutzen für deinen Kunden von diesem Vorteil? Was ist die Wirkung bzw. die Auswirkung, die dein Kunde davon hat?

Stelle die Frage »Was ist die Wirkung/Auswirkung von …« immer weiter, auch wenn du denkst, du seist schon fertig. Stelle sie wieder und wieder. Wenn du hier immer noch tiefer gehen kannst, dann bist du noch nicht beim Nutzen angelangt! Erst wenn du nicht mehr weitermachen kannst, bist du dort.

Erinnere dich an das Beispiel: »Guter Service.« Was ist die Wirkung/Auswirkung von einem guten Service? Dass du rund um die Uhr jemandem in diesem Unternehmen erreichst? Das ist zunächst ein Vorteil. Daraus resultiert: »Ich muss nicht stundenlang am Telefon warten oder mit jemandem herumdiskutieren, der mir nicht helfen kann, sondern ich erreiche sofort jemanden, der mir weiterhilft.« Der Nutzen ist die Stressfreiheit, die ich mir erkaufe. Das ist zutiefst emotional.

Auch die Geschichte mit den Spezialmessern, von denen ich dir im zweiten Kapitel dieses Buches erzählt habe, ist hierfür ein anschauliches Beispiel. Das Gefühl dahinter ist Stressfreiheit. Leichtigkeit und Stressfreiheit. Wir sprachen schon im ersten Teil dieses Buches darüber. Diese beiden Gefühle sind es letztlich immer, die sich unsere Kunden wünschen und brauchen.

Die Magie der maximalen Schnittmenge

Was ist ein gutes Geschäft?

1. Kreis: Kunde mit Wunsch/Problem/Bedürfnis
2. Kreis: Nutzen (Produktmerkmale/Vorteil/Nutzen): Was ist die Wirkung/Auswirkung von …?

Ein gutes Geschäft ist alles, was in diesem Schnittmengenbereich stattfindet. Und das ist deine Aufgabe als Verkäufer, es herauszufinden. In dieser Schnittmenge ist es auch ethisch vertretbar. Es ist jedoch *nicht* ethisch vertretbar, außerhalb dieser Schnittmenge zu verkaufen. Ein richtig guter Verkäufer arbeitet die **maximalen Ränder der Schnittmenge** sauber heraus. Dadurch liefert er dem Kunden genau das, was dieser aus tiefstem Herzen braucht.

Die zwei Kreise ineinander sind gleichzeitig auch das Zeichen für Partnerschaft. Cool, oder? Und auch da finden wir in der Regel eine Schnittmenge. Es gibt Dinge, die dein Partner außerhalb deiner Schnittmenge hat oder tut. Genau darüber regen sich aber die meisten auf. Wir akzeptieren diese Punkte oftmals nicht, statt uns auf die Schnittmenge zu konzentrieren – auf das, was funktioniert. Vielleicht schaffen wir es ja in der Partnerschaft, diese Schnittmenge im Laufe der Zeit noch zu vergrößern.

Achtung, Fallstrick: Wunsch/Problem/Bedürfnis sind meist emotional und unbewusst. Es ist deine Aufgabe als Verkäufer, dem Kunden bei diesem Sichtwechsel ins Bewusste zu helfen.

Verschiedene Zielgruppen – unterschiedlicher Nutzen

Der Kundennutzen kann für unterschiedliche Zielgruppen und Entscheider anders ausfallen. Wenn du verschiedene Zielgruppen und Entscheider ansprichst, dann ist es wichtig, dies vorher auf den Punkt zu bringen. Wir hier bei tri*up* haben zwei unterschiedliche Entscheidergruppen: die Geschäftsführung/Vertriebsleitung und die Personalabteilung.

Die Entscheidergruppe *Geschäftsführung/Vertriebsleitung* fragt indirekt: »Dirk, was kostet du und was bringst du uns?« Sie kauft bei mir das Gefühl, dass das Training wirkungsvoll für ihr Unternehmen ist. In welcher Form genau – das muss ich natürlich vorher definieren. Auch hier gilt: Ich verkaufe vorab das gute Gefühl. LIEFERN muss ich nachhaltige Ergebnisse. Das ist das, was der Kunde braucht.

Die Entscheidergruppe *Personalabteilung* achtet auf andere Dinge: Wie ist das Training didaktisch aufgebaut? Überfrachtet der

Trainer die Teilnehmer auch nicht? Redet er in fünf Minuten eine Ziege tot oder bindet er die Teilnehmer immer wieder aktiv ein? Ist der Trainingsansatz systemisch? …

Auch dieser Gruppe werde ich wieder das gute Gefühl vermitteln, dass unser Training das richtige für sie ist. Umsatz und Gewinn sind hier oftmals sekundär – die Personalabteilung schaut in erster Linie, ob das Training didaktisch funktioniert und dass ihre Leute viel für sich mitnehmen. Achtung Falle: Liefern muss ich natürlich trotzdem, auch wenn die Punkte sekundär sind.

Wichtig: Für uns als Verkäufer ist die Wirkung eines Merkmals oftmals klar. Aber für den Kunden nicht. Unsere Aufgabe ist es, diesen Nutzen herauszustellen.

Das gelingt in der Praxis mit der zweiten Fragetechnik: eine Aussage treffen und mit einer Frage abschließen.

Nehmen wir an, du verkaufst Kopierer und bei deinem Kunden handelt es sich um ein IT-Unternehmen mit 100 Mitarbeitern. Du weißt, dass ihr eine kompetente Hotline mit 24-Stunden-Service und einen Vorortaustausch-Service für die Geräte bietet. Du fragst den IT-Leiter: »Viele unserer Kunden wollen keinerlei Zeitaufwand und Stress mit der Wartung verbringen. Wie sieht das bei Ihnen aus?«

IT-Leiter: »Das wäre mir schon wichtig.«

Du: »Durch die Kombination von unserem Vorortaustausch-Service und unserer 24-Stunden-Hotline nehmen wir Ihnen diese Arbeiten komplett ab. Das war doch der Punkt, der Ihnen wichtig ist, oder?« (Immer mit einer Frage abschließen!)

IT-Leiter: »Super, ich hatte schon befürchtet, dass unser Aufwand höher ist.«

Fertig. So einfach ist es. Und zwar in jeder Branche.

Wir haben oftmals ein Denkmuster: Wir denken, dass unsere Branche ganz speziell ist. Dass Dinge bei unseren Kunden, mit unseren Produkten und vor allem in unserer Branche nicht machbar sind. Das nennt man **AGABU** – **a**lles **g**anz **a**nders **b**ei **u**ns. »Dirk, du musst wissen, unsere Branche ist ganz speziell.« Ehrlich, das sagt mir jeder, vom Verkäufer von Kifferzubehör bis zur Nuklearmedizin. Solltest du auch zufällig gerade an diesem Punkt sein, dann prüfe doch einmal, ob es sich um einen Fakt oder um ein Denkmuster handelt.

Ich kann dir sagen: Zu 99 Prozent handelt es sich um ein Denkmuster (und das eine Prozent habe ich in der Praxis noch in keiner Branche erlebt).

Und jetzt kommt noch ein wichtiger Punkt hinzu: Ich kaufe wegen des Businessnutzens. Ich kaufe bei dir wegen meines persönlichen Nutzens.

Bleiben wir mal bei dem IT-Leiter. Dieser Mensch kauft oder empfiehlt manchmal etwas *nicht*. Denn wenn die Firma das Produkt kauft, hat er entweder mehr Arbeit oder mehr Stress. Dem Geschäftsführer ist das egal – der denkt: Das bekommen die Jungs schon hin!

Ein IT-Leiter würde aber kaufen, wenn er dadurch *weniger* Stress hat. Lass mich auch dies noch an einem kurzen Beispiel verdeutlichen, am Beispiel von Kopierern. Kopierer sind ein stark umkämpftes Feld. In einer unserer Schulungen hatten wir eine clevere Firma. Sie arbeiteten für einen Kunden, dessen IT sich um alle Kopierer im gesamten Unternehmen kümmern musste. Alle Maschinen in dem gesamten Objekt mussten laufen. Es war eine richtig große Anlage. Die IT musste sogar selbst die Toner wechseln. Das Unternehmen, das in unserer Schulung war, fragte: »Nur mal angenommen, wir würden das für Sie übernehmen und die Toner würden sich wie von Geisterhand selbst wechseln, wäre das für Sie interessant?«

Das ist zunächst mal ein normaler Servicevertrag, den bieten andere Firmen auch. Hier war es nun aber so, dass diese Firma sogar das gesamte Papier mitlieferte. So kam die folgende Idee auf: »Nur mal angenommen, bei den Maschinen, die wir Ihnen hinsetzen, würde auch das Papier nie ausgehen. Wäre das für Sie interessant?« Sie verkauften ihrem Kunden also, das Papier direkt an die Kopiermaschine zu liefern.

Ganz praktisch fährt ein Azubi das Papier aus und liefert es in das Werk. Vorher wird beim Hersteller ausgelesen, wie viel Papier verbraucht wurde. Der Kunde hat damit nichts mehr am Hut und kann sich entspannt zurücklehnen. Das ist einem IT-Leiter das Geld seines Unternehmens wert! Und meines Erachtens auch zurecht. Denn er und sein Team kosten ja auch Geld. **Verkauft wurde auch hier die Stressfreiheit. Wenn das mal nicht emotional ist …**

Hilfreiche Tipps, um deinen Kundennutzen in der Tiefe zu verstehen:

1. Versetze dich in deinen Kunden hinein – oder noch besser: Rede mit ihm.
2. Tausche dich zu diesem Thema mit einem Kollegen deines Vertrauens aus: »Was hat der Kunde konkret davon, dass es uns gibt?«

Wenn du in der Lage bist, deinen/euren Kundennutzen auf den Punkt zu bringen, dann werden Verkaufsgespräche, Preisverhandlungen usw. künftig leicht und effizient.

Zu Punkt 1 noch mein Tipp:
Frag deine Kunden, warum sie bei dir Kunden sind: »Lieber Kunde, sag mir bitte drei Gründe, warum du bei uns kaufst.« Und hör genau hin, welche Antworten sie dir geben.

Jetzt denkst du vielleicht, dass du deinen Kunden doch nicht so einfach fragen kannst. Doch, natürlich kannst du das. Die Kunden sind meist positiv überrascht. Und wenn einer wissen möchte, warum du diese Frage stellst, dann sage ganz einfach: »Wir wollen vom Guten einfach noch mehr tun.« Wie ich es dir schon im ersten Teil dieses Buches beim Thema Referenzen erzählt habe, leite ich das Ganze gerne mit einem Schmunzler ein. Das kannst du auch tun: »Warum beauftragen Sie uns, *obwohl* Sie uns kennen?«

Achte auch hier auf die Wie-Wörter (Adjektive). Wenn dein Kunde sagt: »Ihr habt einen guten Service«, dann frage nach: »Was ist für euch denn gut?«

Ein Kunde antwortet darauf vielleicht: »Es geht bei euch immer schnell.« Ein anderer sagt: »Mit euch ist es unkompliziert.« Der Dritte meint: »Ich habe bei euch immer direkt jemanden in der Leitung.«

Die Wahrscheinlichkeit ist hoch, dass dein Kunde andere Punkte nennt, als du erwartet hast!

Erhältst du weitere coole Gründe zur Antwort, dann bring sie in Zukunft in deine anderen Kundengespräche ein – und nutze sie auch gleich als Referenz auf deiner Website.

Ich wünsche dir viel Spaß und Erfolg beim Herausarbeiten deines Nutzens!

Ergebnisse erzielen: So setzt du um!

Du hast gerade eine der wichtigsten Übungen überhaupt gemacht. Und ich hoffe wirklich, du hast sie gemacht! Denn sie ist das Kernstück dessen, was nun kommt: **dein Verkaufsgespräch beim Kunden.**

Wenn du hierauf nicht optimal vorbereitet bist und den Nutzen für deinen Kunden nicht in der Tiefe verstanden hast, wird dein Gespräch nicht das gewünschte Ergebnis bringen. Zumindest nicht das Ergebnis, das es haben *könnte*. Kalibriere an dieser Stelle dein inneres Navi lieber noch einmal sehr genau, bevor du »losfährst«.

Das folgende Bild vereint alle Punkte, die wir bisher besprochen haben und die du für dein erfolgreiches Verkaufsgespräch beim Kunden brauchst.

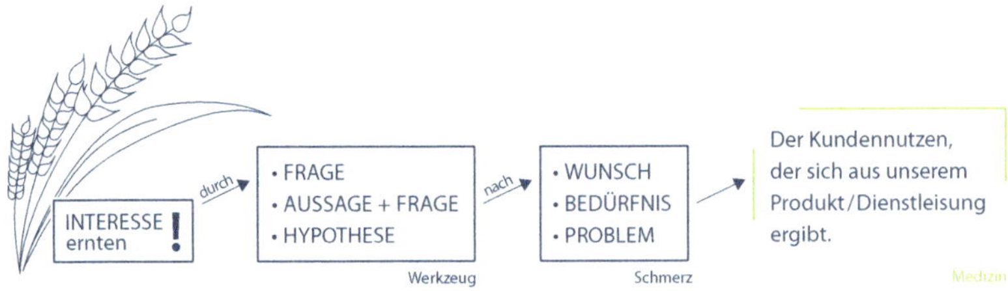

Übrigens: Alles, was wir hier machen, funktioniert im Homeoffice, via Telefon oder in einer Videokonferenz genauso wie im 1:1-Gespräch beim Kunden vor Ort!

Alles fängt mit der inneren Haltung an. An deiner inneren Haltung kommst du nicht vorbei. Es gilt: **Wer Interesse ernten will, der muss Interesse säen. Wer echtes Interesse hat, der versucht zu verstehen. Wer echtes Interesse hat, der stellt Fragen.**

Wir können unseren Kunden nichts vormachen. Niemand kann so gut schauspielern. Wenn du stattdessen das richtige Ziel im Kopf hast – deinen Kunden zu begeistern – dann werden deine Rhetorik, deine Mimik, deine Körperhaltung und deine Intuition alles richtig machen. Dann wird es leicht! Andernfalls sind wir im Druckverhalten drin. Und das macht unseren Kunden genauso wenig Spaß wie uns.

Ich sage es an dieser Stelle bewusst noch mal: Sobald Druck in einem Verkaufsgespräch spürbar ist, läuft etwas falsch.

Das oben Gesagte bedeutet nicht, dass wir den Abschluss nicht machen sollen. Du hast eine coole Dienstleistung / ein cooles Produkt. Du hast den Nutzen für dich und den Kunden auf den Punkt gebracht. Darüber hinaus hast du definiert, wo der Schmerzfaktor und Wunsch/Problem/Bedürfnis beim Kunden liegen – und wenn du jetzt das eine mit dem anderen zusammenbringst, ist das doch eine geniale Sache! Es wäre unterlassene Hilfeleistung, es nicht zu tun, oder?

Mit genau dieser Haltung gehst du ins Gespräch rein und machst darin nichts anderes, als mit einer (oder mehreren) der drei Fragetechniken den Wunsch, das Problem oder das Bedürfnis deines Kunden herauszufinden: **Wo brennt ihm der Kittel? Wo drückt ihm der Schuh?**

Übe es. Probiere es aus. Mit jedem Mal wird es leichter. Es ist wie beim Sport oder beim Erlernen eines Instruments. Die Griffe und Techniken bekommst du in den Unterrichtsstunden durch den Lehrer vermittelt. Doch wirklich beherrschen wirst du das Instrument wie auch die Sportart nur durch stetiges Üben!

Mein Tipp:
Kopiere dir die folgenden Anregungen für dein Verkaufsgespräch und klemm sie dir (wenn du das Gespräch online führst) am besten unter den Monitor.

Prüfe dabei immer genau: »Habe ich den Kunden richtig verstanden?«

Wie viele Fragen darf ich dem Kunden stellen?
Das ist eine Frage, die oft im Seminar auftaucht. Meine Antwort lautet: Wenn du mit Herz und Verstand beim Kunden bist, dann kannst du so viele Fragen stellen, bis du ihn wirklich verstanden hast. Dein Kunde wird das zu schätzen wissen. Und wenn es tatsächlich sehr viele Fragen sein sollten, dann hol dir einfach kurz die Erlaubnis ab: »Das sind jetzt einige Fragen, lieber Kunde, passt das für Sie?« Mit hoher Wahrscheinlichkeit wird er daraufhin sagen: »Klar, passt schon, wir müssen uns ja richtig verstehen, damit Sie die beste Lösung für mich kreieren können.« Und so ist es.

Zu einem Arzt, der uns nicht gründlich untersucht, haben wir kein Vertrauen. Und zu einem Verkäufer, der nicht richtig auf den Punkt bringt, was ich möchte und brauche, habe ich auch kein Vertrauen.

»Und wie viele Aussagen darf ich verwenden?«, werde ich ebenfalls manchmal gefragt. Wenn du deinem Kunden deinen Lösungsvorschlag übermittelst und dieser mehrere Aussagen enthält, dann empfehle ich immer, mit einer Frage abzuschließen. Zum Beispiel:

»Lieber Kunde, war es das, was Sie suchen?« Oder: »Sind wir da richtig? Habe ich Sie da richtig verstanden?«

Du wirst sehen, wie viel Leichtigkeit und Effizienz auf einmal in deine Gespräche kommen.

Dein Gesprächsleitfaden für das Kundengespräch

1. Schritt: Beziehungsaufbau und Bedarf erarbeiten (hoher Zeitaufwand)

Erst den Kunden verstehen. Vorher wird nicht verkauft! (Wie beim Arzt: Erst die Untersuchung, dann die Diagnose und Behandlung.)

Die Grundvoraussetzungen:

- Echtes Interesse für den Kunden.
- Den Kunden wirklich verstehen *wollen.*
- Den möglichen Kundennutzen kennen und gezielt abfragen, welche der Punkte für den Kunden interessant und wichtig sind.

Die Technik:

1. **Offene Fragen stellen:**
   Wieso, weshalb, wie, wo, was …

> **Mein Tipp:**
> Verwende nicht »warum«, denn damit geht der Gesprächspartner in die Rechtfertigung!

Weiterer Tipp:
Achte auf Adjektive.

Kunde: »Ich möchte **gute** Qualität.«

Verkäufer: »Auf welche Qualitätsmerkmale legen Sie besonderen Wert? Was macht für Sie eine gute Qualität aus?« (Durch diese Dopplung verstärkst du deine Frage.)

Es kommt ein Dialog zustande, in dem der Kunde seinen exakten Bedarf mitteilt, seinen eigenen Bedarf reflektiert und sich durch unser echtes Interesse verstanden fühlt.

2. **Aussage treffen und mit einer Frage abschließen**
   Mit dieser Abschlussfrage prüfst du, ob die Aussage für den Kunden interessant und wichtig war oder ob du ihn richtig verstanden hast.

3. **Die Hypothese**
   »Mal angenommen, das Problem wäre lösbar, würde Sie das interessieren?«

   »Mal angenommen, das hätte die und die Wirkung, wie hört sich das für Sie an?« (oder auch: »… ist es das, was Sie suchen?«)

   »Mal angenommen, es gäbe eine Lösung, wie es unkompliziert für Sie wird, wäre das spannend für Sie?«

   »Mal angenommen, es wäre machbar, Ihren Prozess reibungsloser zu gestalten, wäre das für Sie interessant?«

Tipp:
Sage »Es« statt »Ich könnte«!

Zur Erinnerung: warum offene Fragen?

1. Der Kunde reflektiert seinen tatsächlichen Bedarf. **Unbewusstes wird bewusst. Ca. 90 Prozent seiner Wünsche, seines Problems oder seiner Bedürfnisse sind unbewusst. Finde diese mit ihm zusammen heraus!**
2. Wir verstehen den Kunden (Beziehungsaufbau und echte Lösung entwickeln).
3. Wir bleiben im Dialog und bekommen kein einfaches »NEIN«.
4. Wir öffnen den Kunden (er merkt unser Interesse = Beziehungsaufbau).

Merke dir:
Wer fragt, der führt!

Der Mensch kann sich allem verschließen, nur nicht dem, was er selbst gesagt hat.

Zur Überprüfung des eigenen Verständnisses (und zur Verankerung beim Kunden) empfiehlt sich am Ende dieses Schrittes eine Zusammenfassung.

Beispiel:
Verkäufer: »Herr Kunde, lassen Sie uns kurz prüfen, ob ich Sie richtig verstanden habe.«
»Ihre aktuelle Situation ist …«
»Sie legen viel Wert auf …«
»Habe ich Sie richtig verstanden?«

Wiederhole alle für den Kunden wichtigen Punkte mit deinen eigenen Worten (= Authentizität).

<u>Tipp:</u>
Wenn du den Nutzen kennst, den du einem Kunden bieten könntest, prüfst du automatisch, welcher dieser Punkte für deinen Kunden infrage kommt.

Hierzu solltest du eine komplette Liste mit allen Vorteilen und dem daraus resultierenden Kundennutzen erstellen.

<u>2. Schritt: Lösung entwickeln und den Kunden bei der Kaufentscheidung unterstützen</u>

Dieser Schritt beginnt, *nachdem* du deinen Kunden verstanden hast und er seinen Bedarf bestätigt hat. Jetzt ist er bereit für die Lösung (primär!) und das damit verbundene Produkt (sekundär).

Entwickle ein Gefühl dafür, wie tief du das Produkt und die Firma erklären musst. Überprüfungsfragen an den Kunden können hierbei helfen. Bei der Argumentation steht immer der Kundennutzen im Vordergrund.

Beispiel:

Verkäufer: »Sie sagten, dass Sie … (sein Problem, Bedürfnis, Wunsch).« (Kunde bestätigt.)

»Das hat zur Folge …« (Auswirkung erklären = Bedarf wecken.)

»Wir sorgen dafür, dass …« (Was ist der Nutzen?)

»Das erreichen wir durch …« (Wie machen wir das?)

Jetzt kannst du alle wichtigen Punkte mit dem Kunden der Reihe nach durchsprechen und mit ihm zusammen eine Lösung erarbeiten.

Hole dir zwischendurch immer eine Bestätigung von deinem Kunden.

Beispiel (immer mit Frage abschließen):
»Wie hört sich das für Sie an?«
»Ist es das, was Sie suchen?«
»Passt das für Sie?«

Bitte nutze die für deine Branche passende Formulierung. Achte auch auf einen natürlichen Gesprächsverlauf. Deine Intuition wird dich leiten.

Eventuelle Einwände:
Auf das Thema Einwände gehen wir hier nur kurz ein. Wenn du die Techniken und die Haltungen, die du in diesem Buch gelernt hast, richtig umsetzt, wirst du locker 80 Prozent weniger Einwände bekommen. Einwände sind überwiegend nur offene Fragen von dem Kunden, z.B. »Was bringt mir das?« bedeutet lediglich: »Welchen Nutzen habe ich davon?« Wenn du das aber im Vorfeld mit dem Kunden geklärt hast – dann kommt diese Frage nicht mehr.

Zur Erinnerung: »Boah, das ist aber ziemlich teuer« bezieht sich eigentlich nur auf das Preis-Leistungs-Verhältnis. Leistung = mein Nutzen als Kunde. Fertig!

Ein möglicher Einwand zeigt dir, dass sich der Kunde mit deinem Angebot beschäftigt. Er nimmt es ernst und setzt sich damit auseinander. Hilf ihm dabei.

Ein wichtiger Hinweis: Egal, in welcher Branche du arbeitest, es sind immer nur sieben bis zehn Einwände, die kommen können. Achte bitte dabei auf Dubletten. Eine Dublette könnte sein: »Wir haben schon einen Anbieter« oder »Wir sind bestens versorgt«.

Übung:
Erstelle eine Liste mit den sieben bis zehn häufigsten Einwänden und schreibe dir eine Antwort dazu auf.

Zur Einwandbehandlung gibt es ein komplettes Webinar in unserer Online-Academy für dich. Vielleicht hast du dieses ja schon gemacht. Sonst findest du es unter diesem Link:

https://www.triup.eu/verkaufstraining/einwandbehandlung/

3. Schritt: Der Abschluss (geringer Zeitaufwand)
Der Abschluss nach dieser Methode ist denkbar einfach und die logische Folge, wenn deine Lösung Wunsch, Bedürfnis oder Problem deines Kunden trifft und er dieses erkannt hat.

Mein Tipp:
Damit du richtig fit wirst, führe mindestens drei Kundengespräche in den nächsten Tagen durch.

Finde dabei heraus, was deren Wunsch, Problem oder Bedürfnis ist. Unter welchen Bedingungen würden sie kaufen? Schreibe deine Erfahrungen auf. An welcher Stelle möchtest du noch besser werden? Achte darauf, dass dein Kunde immer noch im Mittelpunkt steht und nicht nur der Abschluss!

Sobald in dieser Phase mehrere Abschlusssignale vorliegen, kannst du den Abschluss (Auftrag) machen. Und genau darum geht es im nächsten Kapitel.

Kapitel 7
Abschlusssichere Angebote und Abschlusstechniken

»Ob du denkst, du kannst es oder du kannst es nicht – in beiden Fällen hast du Recht.«
Henry Ford

Der moralische Vorvertrag

Der moralische Vorvertrag besteht aus einer einzigen Frage, mit der du die Wahrscheinlichkeit, den Abschluss zu machen, um etwa 25 Prozent erhöhst. Eine einzige, geniale Frage – du musst sie nur stellen.

Voraussetzung ist natürlich, dass wir als Verkäufer vorher einen guten Job gemacht haben: Wir kennen Wunsch, Problem und Bedürfnis des Kunden und er selbst hat es auch erkannt.

Wir haben einen daraus resultierenden Nutzen für ihn formuliert. Jetzt geht es in die Angebotsphase. Vorher können wir kein Angebot unterbreiten! Der moralische Vorvertrag schafft hierfür noch einmal Verbindlichkeit und Klarheit.

Deine Frage könnte z. B. lauten: »Lieber Kunde, wenn wir alles so in dem Angebot drin haben wie besprochen, machen wir es dann zusammen? Sind wir dann Partner in Sachen XY (Produkt, Nutzen etc.)?«

Die Frage, die du ihm damit stellst, ist im Endeffekt nichts anderes als: »Kaufen Sie es dann?« Nutze aber bitte nicht das Wort kaufen. Verwende lieber die Formulierung: »Entscheiden Sie sich dann dafür?« Ich sage bewusst »dafür« nicht »für uns«.

Mit dieser einen Frage geht deine Wahrscheinlichkeit, den Auftrag zu bekommen, um 25 Prozent nach oben.

Beachte dabei: Wenn an diesem Punkt noch keine klare Zustimmung erfolgt, müssen die offenen Punkte geklärt werden.

Mögliche offene Punkte sind:

- Ist derjenige, mit dem du sprichst, überhaupt der Entscheider? (Das sollte eigentlich vorher geklärt sein. Aber besser spät als nie!)
- Hast du Wunsch, Problem oder Bedürfnis von ihm bzw. seinem Unternehmen erkannt?
- Hat er Vertrauen zu dir?
- Hast du seinen persönlichen Nutzen erkannt und er auch?

Übung:
Schreibe den moralischen Vorvertrag auf, so wie du ihn deinen Kunden präsentieren könntest: »Lieber Kunde, wenn …«

Wie du Angebote nachfasst

Vereinbare am besten einen festen Termin mit dem Kunden, in dem ihr das Angebot erneut besprecht. Sonst kann es passieren, dass du einmal nachfasst, zweimal, dreimal … und du bist draußen. Frage nach, bis wann der Kunde entscheiden wird und vermerke dieses Datum in deinem CRM-System (darauf gehe ich später noch genauer ein). Und dann terminiere dementsprechend direkt einen Termin, z. B. so: »Lieber Kunde, Ihre Zeit und auch unsere ist relativ eng. Lassen Sie uns doch direkt einen festen Telefontermin oder einen Termin vor Ort vereinbaren. Donnerstags oder freitags, wann passt es Ihnen am besten?« Die Wahrscheinlichkeit, dass dieser Termin eingehalten wird, ist extrem hoch.

Mein Tipp:
Wenn du im Homeoffice arbeitest oder im Büro in der Firma, dann nutze immer Medien mit Bild für diesen Termin. Ganz gleich, ob du mit Zoom, Teams etc. arbeitest, nutze das Medium, das in deinem Unternehmen oder dem des Kunden erlaubt ist. Verkaufen ist eine zutiefst emotionale Angelegenheit. Versuche daher immer, die visuelle Kommunikation hinzuzunehmen. Deine Persönlichkeit kommt hierbei viel besser zur Geltung und du bemerkst sofort, wenn dein Gegenüber ein fragendes Gesicht macht.

In dem Kapitel *Die wichtigsten Tipps für Online-Meetings im Verkauf* habe ich dir jede Menge praktische Hilfestellungen vorbereitet, mit denen du solche Gespräche erfolgreich gestalten kannst.

»Don't do it!« – Was du beim Nachfassen nicht tun solltest

Vermeide bitte einleitende Floskeln wie: »Haben Sie das Angebot schon erhalten?« Der Kunde wird sicher nicht sagen: »Nein, bei uns ist heute Morgen die Postkutsche überfallen worden.« E-Mails und Post kommen in der Regel an. Die Postkutsche wird nicht überfallen. Nicht oft zumindest.

Frage auch nicht: »Hatten Sie schon Zeit, das Angebot zu prüfen?« Viele Leute sind wichtig (oder fühlen sich wichtig), wenn sie keine Zeit haben, oder? Wer wird da schon sagen, er hat Zeit? Mit dieser Frage gibst du deinem Gegenüber nur die Steilvorlage zu sagen: »Nein, dafür hatte ich noch keine Zeit.«

»Ich wollte mal nachfragen…«, ist eine Einleitung, die du ebenfalls besser gleich vergisst. Mit dem Konjunktiv in diesem Satz verlässt du sofort die Augenhöhe.

Aber wie geht es denn nun richtig, fragst du dich jetzt vielleicht. Einfacher, als du denkst:

Führe den Kunden zu einer Entscheidung!

Du kannst beispielsweise sagen: »Guten Tag, lieber Kunde, ich hatte Ihnen letzte Woche ein Angebot geschickt über XY.«

PAUSE. Die Wahrscheinlichkeit, dass der Kunde in deiner Pause etwas sagt, ist relativ hoch. Wenn nicht, fragst du ihn einfach: »Was hat Ihnen besser gefallen, Position A oder B?«

Wir denken immer, wir müssten spezielle Textmuster verwenden. Die möchte aber in Wahrheit kein Mensch hören. Vielmehr wundern wir uns, warum der Kunde uns danach nicht mehr auf der gleichen Stufe entgegenkommt. Bleibe simpel, bleibe echt.

Wie du deinen Abschluss machst

Ganz wichtig: Du hast vorher geprüft, ob derjenige, mit dem du bei diesem Termin sprichst, der Entscheider ist. Wenn du nicht mit dem Entscheider sprichst, bewegst du dich im Glücksbereich!

Manche Menschen fühlen sich auch nur wie die Entscheider – oder verhalten sich so. Ein Beispiel dazu, bei einem Kollegen selbst erlebt: In meinen Anfangsjahren habe ich in der Medientechnik als Verkäufer gearbeitet. Damals galt es noch als High Tech, wenn der Beamer aus der Decke kam und es eine Mediensteuerung mit Touch-Display gab. Allein das Display kostete damals um die 20.000 DM.

Ich war bei einem Distributor für Medientechnik tätig und meine Aufgabe bestand in der Betreuung der Händler. Eines Tages sagte einer der Händler zu mir: »Hör mal, Dirk, ich verstehe das gar nicht. Das Projekt ist komplett an mir vorbeigerauscht, dabei habe ich zwei Jahre lang nachgefasst!«

Ich fragte ihn: »Mit wem hast du geredet?«

»Na, mit dem Herrn Kowalski.«

Halt dich fest: Herr Kowalski war der Hausmeister. Er war derjenige, der die Beamer vor der Vorstandssitzung eingeschaltet und danach wieder ausgeschaltet hat. Er war der *Zuständige* für die Technik, aber nicht der Entscheider.

Das Ganze hört sich jetzt ein bisschen scherzhaft an, aber manche Händler haben genau an dieser Stelle zwei bis drei Jahre vertrödelt. Und das ist keine Ausnahme, es passiert jeden Tag. Auch mir ist es schon passiert, dass ich ein Projekt vergeigt habe – schlicht und ergreifend, weil ich nicht beim Entscheider war.

Wenn du bei der richtigen Person angekommen bist, **hinterfrage auch den Prozess**: »Ok, ich habe verstanden, Sie sind der Entscheider. Wenn Sie sich entschieden haben, wie geht es denn dann hausintern im Unternehmen weiter?«

Vielleicht erhältst du die Antwort: »Ja, dann muss ich mir noch das O.K. von meinem Chef geben lassen« oder »Dann geht es noch in den Einkauf und der entscheidet das«.

Du kannst an dieser Stelle weiter fragen: »Welche Befugnis hat der Einkauf? Gibt der einfach noch seinen Stempel drauf oder hat der mitzuentscheiden?« Ganz einfach.

Manchmal gibt es auch mehrere Entscheider. In einem solchen Fall nehme ich als Verkäufer natürlich sämtliche Entscheider im Vorfeld mit ins Boot. Das geht sehr einfach per Videokonferenz oder genauso auch vor Ort.

Voraussetzung ist also immer:

- Du bist bei dem Entscheider.
- Du hast Wunsch/Problem/Bedürfnis des Kunden eruiert.
- Du und der Kunde habt den Nutzen erkannt.

Dann bist du kurz davor, den Abschluss zu machen. Das Einzige, worum es jetzt noch geht, ist die Frage: Liegen die nötigen Abschlusssignale vor?

Abschlusssignale: Woran du erkennst, dass der Kunde bereit ist

An den Abschlusssignalen bemerkst du, dass sich der Kunde die Zusammenarbeit im Geiste schon vorstellen kann.

Abschlusssignale sind:

- Detailliertes Interesse
- Konkrete Nachfrage des Kunden (Lieferzeit, Lieferbedingung, Farbauswahl etc.)
- Gibt es das Produkt auch in … (unterschiedliche Beschaffenheiten)
- Haben Sie das Produkt auf Lager?
- Liefern Sie auch nach …?
- Wie hoch sind die Lieferkosten?
- Zustimmende Wörter, z.B. »interessant«.

Beim Hausverkauf bemerkst du, ob der Kunde sein Haus in Gedanken bereits einrichtet. Bei Kopiergeräten geht es um die Frage der Nutzung und Einbindung. Bei einem einfachen Tisch fragt der Kunde dich, ob es noch passende Stühle dazu gibt und ob sie lieferbar sind.

Alles, was sich mit **der Wirkung und dem Nutzen** deines Produkts oder deiner Dienstleistung beschäftigt, gehört in den Bereich der Abschlusssignale. Achte darauf, dass du diese Form von Signalen erhältst, bevor du weitergehst.

Ein Beispiel für fehlende Abschlusssignale:
Stell dir vor, du gehst in ein Schuhgeschäft und die Schuhe, die dir der Verkäufer bringt, gefallen dir nicht. Dann würdest du sicher nicht fragen, ob es sie auch in Schuhgröße 43 gibt und wie man sie

imprägniert, oder? Das machst du nur dann, wenn du dich wirklich für die Schuhe interessierst.

Wenn noch keine Abschlusssignale vorliegen, kannst du diese provozieren:

1. **Der Kunde ist noch nicht überzeugt und unsicher.**
   Mögliche Formulierungen sind in diesem Fall:
   - »Wie beurteilen Sie unser Angebot?«
   - »Was benötigen Sie alles, um ein gutes Gefühl für die richtige Entscheidung zu haben?«
   - »Woran hängt es noch, dass wir den Auftrag erhalten?«

   Oder die alternative Abschlusstechnik:
   - »Möchten Sie die Lieferung vor oder nach der Sommerpause?«
   - »Bevorzugen Sie Produkt A oder B?«

2. **Der Kunde ist ablehnend und möchte nicht kaufen.**
   Mögliche Formulierungen sind hier:
   - »Welche Punkte müssten noch erfüllt sein, damit Sie das Gefühl haben, die richtige Entscheidung zu treffen?« (nicht: »... um Sie zu überzeugen«! Das ist eine ganz andere Energie als bei der ersten Variante.)
   - »Was würde Ihnen helfen, (Adjektiv + Produkt/Nutzen) ... zu nutzen?«

Als Unternehmer stelle ich immer zwei Fragen. Die Erste ist ein bisschen schmerzvoll:

1. Was kostest das? Was bringt mir das?

Die zweite Frage lässt mich aber schneller ins Machen kommen.

2. Was kostet es mich, wenn ich nicht investiere?

Tipp:
Nichts ist so mächtig wie die Argumente, die der Kunde selbst gefunden hat. Das bedeutet, dass die Abschlusstechniken für Entscheidungen mit längeren Zeiträumen, mehreren oder unbekannten Entscheidern derart gestaltet sein müssen, dass sich der Kunde das Produkt selbst verkauft.

Nutze daher im Gespräch nicht zu viele Fachworte. Viel wichtiger ist es, dem Kunden zu helfen, sich die **Vorteile und den emotionalen Nutzen** des Produktes selbst bewusst zu machen und selbst zu verkaufen. **Es ist wichtiger, was du fragst, als was du sagst.**

Genügend Signale vorhanden? Dann mach den Sack zu!

Es überrascht mich immer wieder, dass es viele Verkäufer gibt, die es einfach nicht schaffen, den Abschluss zu machen. Dazu noch mal das Beispiel vom Bettenkauf: Meine Frau und ich fuhren in ein großes Möbelhaus und steuerten direkt die Matratzenabteilung an. Unter uns, wenn du in eine Matratzenabteilung gehst, dann ist das ein klares Abschlusssignal. Niemand macht Matratzen-Shopping, weil das Wetter an dem Tag gerade so schön ist, oder?

Ich setzte mich auf eine der Matratzen und wartete auf einen Verkäufer. Es kam auch einer und fragte freundlich: »Wie geht es Ihnen? Wie kann ich Ihnen helfen?«

Ich sagte: »Wir sind hier, um eine Matratze zu kaufen.«

Er: »Da sind Sie hier genau richtig.« Toller Spruch, dachte ich.

Er zeigte auf eine Matratze und sagte: »Nehmen Sie die da!«

Damit konnte ich überhaupt nichts anfangen. Der Mann hatte weder gefragt, ob ich Bauchschläfer bin, Seitenschläfer, Beischläfer … ob es eine große Matratze sein sollte oder eine kleine, ob ich Rückenprobleme habe oder nicht … Das war ihm alles völlig egal.

Ich wurde, zugegeben, etwas ungehalten und bat ihn, einen Kollegen zu holen, der sich im Verkauf besser auskennt.

Jetzt kam der Abteilungsleiter. Ein sehr sympathischer Mann und wir durften seinen kompletten Lebenslauf erfahren – vom Kfz-Mechaniker bis zum Abteilungsleiter in diesem Möbelhaus. Er führte uns produkttechnisch einwandfrei durch die Matratzen. Letztlich hatten wir die Wahl zwischen fünf verschiedenen Modellen: Taschenfederkern, Tonnenfederkern, viskoelastisch, Schaum, fünf Zonen oder sieben Zonen …

Was glaubst du, welche wir davon genommen haben? Keine. Ich bin sehr frustriert aus dem Laden gegangen. Und wer war verantwortlich für meine schlechte Laune? Der Verkäufer. Dabei hätte mit einer Abschlusstechnik alles so einfach sein können.

Wie schlafen Sie? Haben Sie Rückenprobleme? Warum wollen Sie überhaupt eine neue Matratze? … Das wären die Fragen gewesen, die ich als Kunde erwartet hätte, um mich gut betreut zu fühlen. Und dann hätte er es nur noch auf den Punkt bringen müssen, indem er gesagt hätte: »Jetzt haben wir noch drei Matratzen, die in der engeren Auswahl sind, und letztendlich siegt das Gefühl, oder? (Immer mit Frage abschließen und dir so ein rhetorisches Ja abholen.) Liegen Sie doch bitte alle drei Modelle einmal Probe – und die, die die bequemste ist, die ist es. Einverstanden?«

In dem Moment, wo ich nicke, habe ich eine Matratze gekauft. Denn eine der drei wird die bequemste sein. Vielleicht nicht die bequemste der Welt – aber eine wird passen und die nehme ich als Kunde mit. **Die passende Abschlusstechnik heißt dann ganz einfach: »Bar oder Karte?«**

Meine persönliche Abschlusstechnik wäre außerdem noch: »Die Lattenroste, sind die genauso alt wie die Matratze?« Und damit sind wir Bereich Upselling und Cross-Selling. Wir schauen einfach mal: Was passt noch dazu? Ansonsten heißt die Frage an dieser Stelle: »Bar oder Karte?« Das war's.

Übrigens: Das funktioniert genauso im **B2B-Bereich**: »Wann wollen Sie XY (Produkt, Dienstleistung) nutzen?« (Das setzt voraus, dass ich den Nutzen kenne, den er sich wünscht.)

»Sofort.«

»In Ordnung, wir haben ungefähr drei Wochen Lieferzeit. Das heißt, ich mache Ihnen jetzt alles fertig und dann können Sie sogar schon in drei Wochen davon profitieren. Einverstanden?«

Aussage und Frage, unser Gegenüber nickt wie ein Wackeldackel. Und das war's.

Die Vorwegnahmetechnik

Wenn du einen Einwand sehr oft hörst oder vermutest (z.B. durch Andeutungen), dass der Kunde diesen Einwand vorbringt, dann kannst du den Einwand mit einer Lösung aussprechen, bevor der Kunde dieses macht.

Beispiel:
Vermuteter Kundeneinwand: »Ich muss erst einmal eine Nacht darüber schlafen / mit meinem Vorgesetzten darüber sprechen.«

Verkäufer: »Sie wollen bestimmt mit Ihrem Vorgesetzten noch darüber sprechen. Deshalb können wir jetzt alles fixieren, Sie bekommen ein 7-Tage-Rücktrittsrecht und profitieren trotzdem von der beschleunigten Lieferung. Wie hört sich das für Sie an?«

Ergänzender Tipp:
Bei Kunden, die sehr stark im Fühlen sind, kannst du auch fragen: »Wie fühlt sich das für dich an?« Bei eher visuellen Menschen könnte die entsprechende Frage lauten: »Wie sieht das für dich aus?« Merkst du den Unterschied?

Und dann einfach:

- »Wohin sollen wir liefern?«
- »Wann möchten Sie das Produkt nutzen?«

Im Folgenden noch eine Zusatztechnik, die du nutzen kannst, um weitere Produkte oder Dienstleistungen zu verkaufen.

Die Ergänzungstechnik

»Wollen Sie jetzt nur die Turnschuhe haben oder auch noch ein Imprägnierspray mit dazu?«

»Wollen Sie jetzt nur den Kopierer haben oder auch noch einen Wartungsvertrag mit dazu?«

»Wollen Sie jetzt nur die Fotokamera haben oder auch noch ein Objektiv zum Wechseln mit dazu?«

Du erkennst das Prinzip: Ich stelle die Abschlussfrage zu einem ersten Produkt mit »nur« und füge noch ein zweites Produkt mit den Worten »oder auch«.

Das erste Angebot nimmt der Kunde in der Regel, das zweite lässt er sein. Er sagt vielleicht: »Nein, nur die Kamera. Nach einem Wechselobjektiv schaue ich später noch einmal.«

Dann sagst du: »Bar oder Karte?« Das war's. Mehr an der Stelle brauchst du nicht zu tun.

Wenn du Kamera *und* Objektiv verkaufen willst, dann bring das Objektiv einfach schon vorn mit ins Spiel: »Wollten Sie jetzt nur die Kamera und das Objektiv, über das wir bereits geredet haben, oder möchten Sie auch noch eine Tasche dazu?«

»Nein, jetzt belassen wir es erst einmal bei der Kamera und dem Objektiv. Bezüglich der Tasche schaue ich mal. Da komme ich später noch einmal drauf zurück.« Hey, Kamera und Objektiv sind verkauft!

Selbst, wenn du diese Zusatztechnik nicht nutzen willst, sondern einfach nur deinen Abschluss machen möchtest, dann ist der Ablauf wie folgt:

- Zuerst den Nutzen auf den Punkt bringen.
- Und dann die Frage stellen: »Lieber Kunde, und wann möchten Sie es nutzen?«

Tipp:
Wenn du den Kunden wirklich verstanden hast und er dieses merkt und seinen Nutzen erkannt hat, wirst du mit der richtigen Einstellung intuitiv alles richtig machen. Der Kunde möchte/braucht dieses Produkt! Warum soll er dieses nicht jetzt und hier bei dir kaufen?

Natürlich wird dich nicht jeder Kunde sofort beauftragen. Aber du solltest versuchen, ihm einen weiteren Weg zu dir oder einem Wettbewerber zu ersparen. Wenn du die richtige Lösung für deinen Kunden hast, ist dies der einzig logische Schritt.

Ganz wichtig ist mir zu sagen: Hinterlasse jeden Kunden in einem besseren Zustand, als du ihn vorgefunden hast! Einen Abschluss gegen den Kunden durchzudrücken, sollte immer vermieden werden. Schaffe stattdessen lieber eine Verbindlichkeit (nächster Termin, Telefonat etc.).

Ich wünsche dir ganz viel Spaß und Erfolg beim Ausprobieren!

Kapitel 8
Deine Geburtsgeschenke: So bringst du deine Einzigartigkeit mit in jedes Gespräch!

»Ich sehe dich.« So startet die Begrüßung in dem Film *Avatar*. Jeder, der diesen Film kennt, weiß, dass damit nicht die Silhouette, sondern die Person tief im Inneren gemeint ist.

Wir Menschen möchten gesehen werden. Wir haben eine tiefe Sehnsucht danach, wahrgenommen zu werden. Und einer der Gründe, warum wir nicht mehr gesehen werden, ist, weil wir uns selbst nicht mehr sehen. Wir haben den Blick für uns verloren. Wir sehen unser »Geburtsgeschenk« nicht mehr.

Das Geburtsgeschenk war immer da. Dabei handelt es sich um deine Stärken, deine Werte, deine Fähigkeiten – tief in dir drin. Durch Schule, Erziehung oder andere prägende Ereignisse kann »Dreck« auf diese Geburtsgeschenke draufkommen. Dann spüren wir sie nicht mehr. Als Folge davon gehen Antrieb sowie Sinn nach unten und wir stehen auf der Bremse.

Wenn du möchtest, kannst du dein Geburtsgeschenk wieder aktivieren. Das geht in drei ganz einfachen Schritten.

Schritt Nummer 1:

Schreib auf, was du als Kind so richtig gut konntest. Und dann nimm dir wirklich Zeit und spüre für dich: Wie fühlt sich das an, was du denkst? Was waren deine Stärken, deine Fähigkeiten, deine

Werte als Kind? Was waren deine Motivation und dein Antrieb? Was denkst du, sagt das über dich aus?

Zeitaufwand: 30-90 min, gerne mit einem Lieblingsgetränk deiner Wahl in einem ruhigen Raum.

Schritt Nummer 2:

Suche dir eine Person, die empathisch ist, dir wohlgesonnen und dich gut kennt. Bitte sie darum, ebenfalls in die Schriftlichkeit zu gehen und zu notieren: Was sieht diese Person in dir? Deine Stärken, deine Werte, deine Fähigkeiten und das Tiefere dahinter.

Zeitaufwand: 30-45 min, gerne wieder mit einem Lieblingsgetränk in einem ruhigen Raum.

Schritt Nummer 3 (für mich der schönste Schritt)**:**

Nimm Blatt Nummer 1 und Blatt Nummer 2 und besprich sie mit der anderen Person. Schaut, was tiefer dahinter liegt bei dir. Auf diese Weise kommst du deinem Geburtsgeschenk schon ein ganzes Stück näher. Probiere es doch gleich mal aus!

Im Seminar mache ich an dieser Stelle gerne die Übung mit dem 50-Euro-Schein:

Ich halte einen 50-Euro-Schein hoch und frage: »Was ist der Schein wert?«

»50 Euro«, kommt als richtige Antwort.

»Wer will ihn haben?«

Alle heben die Hand.

Ich zerknülle den Schein vor versammelter Mannschaft und trete darauf.

»Wer will ihn haben?«

Immer noch alle.

»Was ist er jetzt wert?«, frage ich.

»50 Euro.«

Ich reibe mir den Schein unter die Achseln (natürlich über dem Hemd). »Wer will ihn immer noch haben?«

Hier lachen meist alle.

Der Wert des Scheines ist – immer noch 50 Euro.

Warum mache ich diese Übung? Nun, der eine oder andere von uns wurde im Leben schon mal zerknüllt. Und zwar von anderen Menschen. Andere Menschen sind möglicherweise auf uns draufgetreten. Andere Menschen haben möglicherweise Dinge mit uns gemacht, die wir nicht wollten und auch unter normalen Umständen nicht zugelassen hätten.

Doch eines ist Fakt: Unseren Wert, den haben wir nie verloren. Niemals. Wir sehen es nur nicht immer und wir fühlen ihn oft auch nicht mehr. Um dies wiederzuerkennen, hilft uns der Perspektivwechsel. Wir verstehen auf einmal wieder, wie wertvoll wir sind. Ganz egal, was uns im Leben schon passiert ist.

Du bist wertvoll. Immer gewesen und immer noch. Verinnerliche das tief in deinem Inneren. Du bist wertvoll, egal, was dir in deinem Leben schon widerfahren ist. Und du bist jetzt genau an der richtigen Stelle in deinem Leben. Denn alles, was du erlebt hast, gehört zu deinem Weg. Wenn du das verstanden hast, dann wird in Zukunft jedes Gespräch viel einfacher.

Es gab eine Lehrerin, die sagte zu einer Mutter: »Wissen Sie, Ihr zwölfjähriger Sohn wird nie etwas werden.« Die Mutter war Gott sei Dank sehr stark und meinte: »Sie irren sich. Weil mein Sohn schon etwas *ist*.« Eine der beiden Frauen konzentriert sich sehr stark auf das, was im Außen ist – auf das, was sie vermutet und was sie hier vielleicht sogar als Wahrheit darstellt. Und die andere konzentriert sich auf das, was wirklich wichtig ist. Auf das Herz ihres Sohnes. Und das ist es, worum es letztlich geht.

Kapitel 9
Die wichtigsten Tipps für Online-Meetings im Verkauf

Digitale Kommunikation wird für uns alle in Zukunft immer wichtiger. Und: Digitalisierung wird nicht kommen, sie ist da! Früher haben wir ferngesehen – heute sehen wir uns zu einem Thema, das uns interessiert, ein YouTube-Video an. Auch Zoom und Teams, um die beiden größten Video-Konferenzsysteme zu nennen, sind aus unserem Leben nicht mehr wegzudenken. Selbst private Gespräche finden inzwischen online statt und meine persönliche Auffassung ist, dass dieses Medium auch in Zukunft nicht mehr weggehen wird.

In den letzten Jahren wurden viele Menschen am Arbeitsplatz regelrecht dazu gezwungen, auf virtuelle Gespräche umzusteigen. Menschen, die vorher im Traum nie daran gedacht hätten, saßen plötzlich in Videokonferenzen. Und ich habe dir zu Beginn dieses Buches ja auch offen und ehrlich von meinen eigenen Anfängen mit diesem Thema erzählt.

Im Kapitel *Die größte Hürde: Menschen wirklich zu verstehen* sprachen wir über das Inselhopping. Viele Unternehmen, die Online-Marketing und Online-Vertrieb machen, wirken, als hätten sie kein Bewusstsein dafür, wer auf der Insel ihrer Zielkunden lebt. Sie haben diese Insel nicht *verstanden.* Merkst du, wie fein alles miteinander verwoben ist?

Du bist ab heute in der Lage, all dies zu verstehen und mit Bewusstsein, Herz und Verstand anzuwenden. Ist das großartig?

Solltest du mit der digitalen Kommunikation noch nicht so stark vertraut sein, kann ich dich beruhigen: Die Kommunikation im Digitalen funktioniert 1:1 wie im echten Leben. Eins müssen wir bei der ganzen Sache wissen: Je weiter wir von unseren Kunden weg sind, umso mehr fallen Kommunikationsprobleme auf. Und wir sind mit diesem Medium nun mal ein kleines Stückchen weiter von unserem Gesprächspartner entfernt, als wenn du ihm direkt gegenübersitzt.

Durch Fragen und echtes Interesse schaffst du es aber auch hier, auf den Menschen einzugehen und seine Körpersprache zu lesen. Das schaffst du nicht rein kognitiv, sondern das geschieht über das Gefühl, über die Verbindung, die du mit deinem Gegenüber hast. Auch hier gilt es, Herz und Verstand einzusetzen – und dann fliegt die Kuh. Du wirst sehen.

Auf den folgenden Seiten habe ich dir alles Wichtige zusammengestellt, was du über Online-Meetings wissen brauchst. Du kannst alle Tipps sofort umsetzen. Ich wünsche dir viel Freude und viele schöne Online-Begegnungen!

Deine persönliche Checkliste

Alles, was du auf den folgenden Seiten erfährst, kannst du sowohl mit *einem* Gegenüber anwenden, z. B. in einem Verkaufsgespräch, als auch mit mehreren Menschen in einer Gruppe. Verkaufen hat viel mit Emotionen zu tun. Daher ist das Bild enorm wichtig. Fangen wir daher mit der Kamera an.

Stelle die Kamera auf Augenhöhe ein. So fühlt es sich an, als ob du deinem Gesprächspartner direkt gegenübersitzt. Das funktioniert gerade mit Gruppen hervorragend und jeder fühlt sich integriert. Wenn du sprichst, **schau direkt in die Kamera**. So stellst du den Augenkontakt mit deinem Gesprächspartner her. Kleiner Tipp: In dem Moment, wo du die Zimmerdecke sehen kannst, steht deine Kamera zu tief. Das ist vor allem dann der Fall, wenn du ein Notebook nutzt und es einfach nur auf den Tisch stellst. Die Kamera schaut dann von leicht unten zu dir hoch – und dein Gegenüber kann deine Nasenhaare sehen oder was da sonst noch so drin ist. Das wollen wir nicht. Psychologisch gesehen schaust du bei dieser Einstellung auch ein bisschen auf den Kunden herab. Doch gerade im Verkaufsgespräch ist absolute Augenhöhe wichtig!

Schau auf den richtigen Monitor. Viele Menschen, vor allem die, die mit mehreren Monitoren arbeiten, schauen versehentlich in den zweiten Monitor – oder, wenn sie nur einen Monitor nutzen, auf den Bildschirm anstatt in das Kameraauge. Wenn wir dies aber während des ganzen Gespräches machen, dann verlieren wir unser Gegenüber.

Dein Gesprächspartner möchte deine Mimik sehen und deine Emotionen. Sollte deine interne Kamera im Computer nicht ausreichen, besorge dir eine externe, die du in den Videokonferenzsystemen sehr einfach anklicken und als Kamera für die Übertragung auswählen kannst. Externe Kameras haben meist auch ein gutes Mikrofon. Zum Ton kommen wir gleich.

Passe die Lichtverhältnisse an. Viele Menschen haben im Büro oder Homeoffice eine Deckenlampe hinter sich. Das hat den Effekt, dass die Kamera die Helligkeit auf die Lampe einstellt, die Gesichter dadurch etwas dunkler werden und wir die Mimik nicht mehr gut erkennen können. Wir wollen aber im Verkaufsgespräch die Reaktionen des Gesprächspartners genau erkennen.

Eine beliebte Lösung sind auch Ringlichter (Größe: 10"), erhältlich beim Online-Versandhändler deines Vertrauens oder auch im Elektrogeschäft. Ringlichter erzeugen ein weiches Licht und mit ihnen kann das Licht auch ruhig von vorn kommen oder eben von der Seite. Das wirkt angenehm und du hast dadurch keinen kleinen »Heiligenschein« über dem Kopf wie bei einer Deckenlampe.

Ringlichter werden direkt am Monitor befestigt oder hinter dem Notebook aufgestellt. Auch LED-Lichter, die an der Tischplatte fixiert werden oder über ein kleines Stativ verfügen, sind eine gute Lösung. Die Lichtfarbe sollte angepasst werden können. Vermeide direkte Sonneneinstrahlung im Gesicht oder auf die Kamera.

Ganz wichtig: Richte dies alles vor dem Termin ein und nicht mittendrin.

Für Brillenträger unter uns gilt: Frontale Beleuchtung kann sich in der Brille spiegeln. Die Brille sollte vor allem auch sauber sein, sonst spiegelt sie noch mehr. Wenn du eine Brille trägst, ist seitliche Beleuchtung, z. B. mithilfe von zwei Scheinwerfern (LED-Lichtern), für dich von Vorteil.

Schalte das Mikrofon stumm, wenn du gerade nicht sprichst. Gerade in einem Büro, wo es viele Hintergrundgeräusche gibt, oder wenn du kleine Kinder hast und von zu Hause aus arbeitest, ist das eine gute Sache. Du vermeidest so ungewollte Störgeräusche.

Achte auf deinen Hintergrund. Manche Menschen haben ihr Homeoffice im Kinderzimmer. Während der Pandemie waren da manchmal Säuglingsbetten im Hintergrund zu sehen oder ein großer alter Kleiderschrank ... Das ist für ein Kundengespräch oftmals nicht so schön. In den verschiedenen Videokonferenzsystemen kannst du einen virtuellen Hintergrund auswählen – und schwups, sieht das Ganze gleich viel ansprechender aus.

Sollte deine Lösung keinen virtuellen Hintergrund anbieten, tut es auch Opas gute alte Stativleinwand und schon hast du einen professionellen weißen Hintergrund. Das »Gelbe« von Opas alter Leinwand siehst du nicht. Mit wenig Aufwand bzw. geringen Kosten kannst du einen schönen Raum schaffen, in dem du dich wohlfühlst und bei dessen Betrachtung sich auch dein Kunde wohlfühlt.

Ich persönlich halte es für wichtig, dass man das Büro im Hintergrund sieht. Denn das erzeugt Nahbarkeit. Das setzt aber natürlich voraus, dass das Büro aufgeräumt ist. Wenn es dein Hintergrund aus welchem Grund auch immer nicht zulässt, dass du ihn zeigen möchtest, dann wähle einen professionellen virtuellen Hintergrund. Vielleicht nicht gerade ein Meeresbild oder ein Foto vom letzten Urlaub. Im B2B-Bereich empfiehlt sich das Firmenlogo. Dieses sollte eine gute Auflösung haben und von der Größe gut passen. Probiere dies mit genügend Vorlaufzeit zum Meeting aus.

Auch deine Haarfarbe, deine Kleidung und die Raumbeleuchtung spielen eine wichtige Rolle, wie der Hintergrund wirkt. Nimm dir für die Vorbereitung wirklich genügend Zeit. Vermeide es, mitten im Meeting den Hintergrund zu wechseln, da dies zu unnötiger Ablenkung führt.

Halte den Fokus aufrecht. Du erweist deinem Gegenüber Respekt, wenn du ihm über das gesamte Online-Meeting hinweg deine volle Konzentration schenkst. Natürlich sind wir alle wichtig und viele Menschen glauben darüber hinaus, sie müssten ständig erreichbar sein. Sie denken, sie könnten die Welt retten, wenn sie während eines Online-Meetings mal eben eine hereinkommende SMS oder E-Mail beantworten. Dein Gegenüber sieht es sofort, wenn sich deine Pupillen hin und her bewegen, weil du den Blick, auch wenn es nur für kurz ist, auf ein anderes Bildschirmfenster richtest.

Tipp:
Tu das nicht, sondern schenke deinem Gesprächspartner wirklich für die Zeit eures Meetings den vollen Fokus. Dein Kunde steht im Vordergrund und da gilt es, maximale Konzentration in ihn zu investieren. Wir sind nicht multitaskingfähig, wie viele glauben. Wir können nur das eine oder andere tun. Machst du beides, machst du nichts richtig.

Achte auch bei einem Onlinemeeting auf angemessene Kleidung. Ist deine Kleidung »kameratauglich«? Ich spreche in erster Linie nicht von einem bestimmten Dresscode, sondern von karierten und linierten Hemden, Sakkos und Blusen. Diese Muster können, je nachdem welche Kamera du nutzt, ein unangenehmes Flackern auf dem Bildschirm erzeugen. Dein Kunde wird kirre, wenn er immerzu ein Flackern sieht. Im Zweifelsfall teste das vorher aus, indem du dich in dein Videokonferenzsystem einloggst und die Kamera einschaltest.

Du kannst dich auch mit einem Freund oder Kollegen zu einem kurzen Online-Meeting verabreden und überprüfen, ob deine Kleidung ruhig wirkt oder »flimmert«.

Darüber hinaus kannst du in Microsoft Windows die Kamera-Funktion nutzen: Gib dazu einfach das Wort »Kamera« unten links in der Windows-Suche ein und öffne die App. Überprüfe nun die Wirkung deiner Kleidung, die du für dein Onlinemeeting ausgewählt hast. Lege dir eine Garderobe für Online-Meetings zurecht, die du auch bei spontanen Einladungen zu Meetings immer schnell zur Hand hast.

Wenn du dich genauer mit auf den Punkt gebrachten Anregungen und Informationen zu Stil und Wirkung im Kundengespräch, im Büro oder aus dem Homeoffice auseinandersetzen möchtest, empfehle ich dir folgende Webseite:

https://www.stilundwirkung.de/homeoffice

Noch ein wichtiger Hinweis: Früher hat man »Kleide dich eine Stufe besser als dein Kunde« gesagt. Wenn dein Kunde Hemd und Sakko trug, dann hast du Hemd, Sakko und Krawatte angezogen. Das gilt heute nicht mehr. Als Regel – doch das ist subjektiv – kann ich dir sagen: »Kleide dich so, dass es angemessen ist.« Angemessen bedeutet: Beide Gesprächspartner sollen sich wohlfühlen. Kleidung muss immer sauber sein und sie sollte immer dem Anlass angepasst sein: Bei einem Techniker oder Programmierer darf es eher technisch aussehen und bei einer Marketing-Agentur ruhig kreativ. Wenn Marketing-Leute im Anzug vor mir sitzen, dann bin ich verstört. Wenn aber ein Bankangestellter in Shorts vor mir sitzt, bin ich auch wieder verstört. Beides wäre aus meiner Sicht nicht passend. Wie würdest du im Büro auftreten, wenn ein Kundentermin bevorsteht? Halte das für dich fest und geh dann im Online-Meeting ruhig auf eine Stufe lockerer. Ich persönlich trage meist ein Hemd ohne Sakko.

Bleibe entspannt. Gespräche online zu führen ist an sich so einfach, aber für viele Menschen ist es noch neu. Deswegen haben manche Verkäufer Angst, dieses Medium zu nutzen. Dadurch entgeht ihnen eine Wahnsinnschance, Emotionen über dieses geniale Tool rüberzubringen. Entspanne dich. Wenn etwas schiefgeht – na und? Wenn bei deinem Kunden etwas schiefgeht – na und? Es nimmt dir keiner übel. Je öfter du Online-Meetings veranstaltest, umso mehr Routine erhältst du und umso mehr Entspannung kommt rein. Deine Entspanntheit transportierst du auf dein Gegenüber. Deine Unentspanntheit auch.

Bleibe vor allem auch dann entspannt, wenn etwas mit der Technik nicht funktioniert. Bist *du* entspannt, sind es die anderen Teilnehmer auch. Wenn du dich von technischen Schwierigkeiten nicht aus der Bahn werfen lässt, sind sie für die anderen Teilnehmer auch kein Problem. Probiere im nächsten Meeting aus, wie ansteckend souveräne Gelassenheit sein kann.

Die Teilnahme an einem Online-Meeting mit einem Smartphone ist eine Notlösung. Der kleine Bildschirm wird dich schnell ermüden und du musst jedes Mal über den Bildschirm streichen, wenn du andere Teilnehmer sehen möchtest, vor allem bei Gruppen. Darüber hinaus halten viele Leute das Smartphone direkt vor ihre Nase und meist wackelt das Bild, weil sie das Telefon in der Hand halten. Auch die richtige Akustik, ausreichende Beleuchtung usw. sind mit einem Smartphone viel schwerer herzustellen. Ein Tablet sollte ebenfalls nur eine Notlösung sein. Diese Geräte kannst du jedoch als technisches Backup bereithalten. Und solltest du dich in der einen oder anderen Situation für ein Smartphone entscheiden, dann befestige es an einem kleinen Tischstativ und stelle es vor dich hin. Auch hier gilt: auf Augenhöhe!

Der gute Ton. Der Ton macht die Musik und insofern ist es essenziell, dass du gut verstanden wirst. In dem Moment, in dem du nicht in die Richtung der Kamera schaust, wird der Ton schon schlechter. Wie bereits gesagt: Externe Kameras haben in der Regel gute Mikrofone.

Wenn du von der Qualität her noch ein Quäntchen draufsetzen möchtest, dann besorge dir ein externes Mikrofon und schalte es einfach mit ein. Diese Geräte kosten heute nicht mehr die Welt. Im

Videokonferenzsystem deiner Wahl kannst du dieses Mikrofon als das Hauptmikrofon für dein Online-Meeting auswählen.

Als Lautsprecher kannst du ebenfalls externe nutzen. Doch auch die Lautsprecher deines Notebooks sind in der Regel absolut ausreichend. Was umso wichtiger ist, wenn du ein Headset nutzt: Viele Headsets sind drahtlos. Wenn du ein längeres Kundengespräch durchführst oder in einem Online-Meeting sitzt, das mehrere Stunden dauert, wähle ein Headset, bei dem der Akku auch wirklich mehrere Stunden mitmacht! Nutze jede Pause, um das Headset aufzuladen, damit du nicht Gefahr läufst, nichts mehr mitzubekommen.

Generell gilt bei der Technik: Nutze das, was da ist. Und nutze es einfach optimal. Erst das Hirn einschalten, dann folgt die Technik!

Wie du technische Probleme im Online-Meeting vermeidest

Sorge dafür, dass alle Akkus aufgeladen sind, von deinem Notebook und deinem eventuell drahtlosen Headset. Nutze die Pausen, um dein Headset zu laden. Schließe dein Notebook mit dem Netzteil vor der Besprechung an. Achtung bei langen Online-Meetings und vor allem Online-Seminaren: Es gibt nicht viele Headsets, bei denen der Akku wirklich lange hält. Schaffe im Vorhinein eine alternative Lösung.

Nutze LAN-Kabel. Wenn es dir möglich ist, nutze ein LAN-Kabel statt W-LAN für die Internetverbindung. Somit minderst du die Ausfallgefahr.

Wenn du mit zwei oder mehreren Bildschirmen arbeitest, nutze diese, um etwas zu präsentieren. So hast du die Möglichkeit, auf dem einen Bildschirm die Präsentation zu öffnen und auf dem anderen das Online-Meeting laufen zu lassen. Achte darauf, beim Präsentieren in die Kamera zu schauen und nicht vom zweiten Bildschirm abzulesen. Deine Körperhaltung sollte der Kamera zugewandt und dein Blick auf die Kamera fixiert sein. So entsteht eine persönliche Ansprache und deine Aussage kommt auch im Online-Meeting gut an.

Gerade bei Videokonferenzsystemen kann ein zweiter Monitor sehr hilfreich sein, wenn du etwas präsentierst. Bei Zoom gibst du einen Bildschirm frei, bei Teams ein Programm. Die Programme können auch im Hintergrund laufen und müssen für den Präsentierenden nicht sichtbar sein.

Im Allgemeinen gilt für Videokonferenzsysteme, dass du nach Möglichkeit immer die App für das entsprechende Programm herunterlädst. Dadurch sind die Stabilität und die Handhabbarkeit in der Regel besser als in der Web-App, also der Benutzung im Browser.

Aus dem Grund empfehle ich dir, gerade für längere Online-Meetings immer einen festen Rechner bzw. ein Notebook anstelle eines mobilen Endgeräts zu verwenden. So startest du gut vorbereitet in ein Online-Meeting.

Deine Vorbereitung auf ein Online-Kundengespräch

Ganz gleich, für welches Videokonferenzsystem du dich entscheidest oder welches dein Kunde nutzt: Letztendlich ist der Umgang mit dieser Technik sehr einfach. Du musst dich einfach nur ein wenig damit beschäftigen.

Die drei wichtigsten Tipps vorab:

1. Fang einfach an!
2. Hab Spaß.
3. Wenn mal etwas nicht funktioniert, ist es sch... egal.

Bevor du dein Online-Gespräch jetzt startest, solltest du deine Erwartungen klären. Ich sehe viele Verkäufer ohne konkretes Ziel in ein Meeting gehen. Wenn ich sie frage: »Was ist das Ziel dieses Meetings?«, dann sagen sie: »Na, verkaufen!« Verkaufen ist die logische Folge von etwas. Das ist sekundär, nicht primär.

Ein Ziel könnte sein: Der beste Lieferant für deinen Kunden zu werden, den er je hatte. »Der Beste« zu werden, setzt voraus, dass du vorher eine genaue Analyse gemacht hast: Was ist Wunsch, Problem, Bedürfnis des Kunden? Was hat er bisher und was würde seine Situation verbessern?

Ein anderes Ziel könnte sein, dass du herausfindest, wie du eine passgenaue Lösung für das konkrete Problem deines Kunden kreieren kannst.

Wie war das noch mal mit dem inneren Navi und den wahren Zielen? Lies hierzu am besten die Kapitel *Dein Business-Navi* und *Wahre*

Ziele versus falsche Ziele ein zweites Mal oder noch öfter – bis du es wirklich verinnerlicht hast.

Was ist dein Ziel?

Versuche, im Gespräch mit dem Kunden durch aktives Zuhören und den drei Fragetechniken, die du in diesem Buch gelernt hast, herauszufinden, welche Ziele und Erwartungen er an diesen Termin hat und worin sein größter Engpass besteht.

Einigt euch zusammen auf ein gemeinsames Ziel für den Termin. Dadurch ist sichergestellt, dass ihr während des Online-Meetings am gleichen Ziel arbeitet, beispielsweise dem Kunden eine passende Lösung zu bieten.

Lies hierzu auch noch mal den Abschnitt *So sorgst du dafür, dass jedes Meeting effizient wird.* Denn online wie offline gilt: Ohne Ziel ist ein Meeting reine Zeitverschwendung!

Ein großer Vorteil, das Verkaufsgespräch online vor der Kamera zu führen, besteht darin, dass du sämtliche Unterlagen, Informationen und Notizen zum Kunden und zum Projekt direkt im Zugriff hast. Nutze dies und öffne vor dem Gespräch alle relevanten Präsentationen, E-Mails und Dokumente, um sie bei Bedarf mit einem Klick für deinen Kunden verfügbar zu haben. Auch Dateien kannst du sofort verschicken oder Informationen via Link in Sekundenschnelle teilen.

Achtung, PowerPoint!

Wenn du im Online-Gespräch eine PowerPoint-Präsentation hervorholst und dem Kunden sagst: »Auf den nächsten 200 Seiten zeige ich Ihnen unsere Gründungsgeschichte …«, dann siehst du dank der Kamera sofort, wie der Kopf deines Zuhörers auf die Tischplatte knallt. Eine PowerPoint-Präsentation sollte immer nur da sein, um die Bilder beim Kunden zu verstärken. Bevor wir als Verkäufer nicht wirklich wissen, was der Kunde will (Bedarfsanalyse), zeigen wir ihm gar nichts! Wir können etwas ERZÄHLEN. Wir können Geschichten und andere Elemente mit hineinbringen, aber letztlich steht der Kunde im Vordergrund. Wir hier bei tri*up* haben nicht einmal eine Firmenpräsentation!

Bei dem Trainer-Casting, von dem ich dir bereits kurz berichtet habe, hielt mir eine der verantwortlichen Damen ein HDMI-Kabel hin. Es war für meine Präsentation gedacht. Ich fragte leicht amüsiert: »Haben die anderen Kollegen echt eine Präsentation gehalten?«

Sie meinte: »Ja.«

Ich: »Also, wenn Sie aufpassen, dann bepowerpointe ich Sie nicht.«

Da war der Rest der Mannschaft erst mal ein bisschen irritiert. Ich sagte: »Sie haben ja ein paar Fragen, welchen Nutzen wir Ihnen bringen können, oder?« (Aussage und Frage.) »Und wenn das für Sie in Ordnung ist, dann würde ich Sie durch den Prozess über ein paar Fragen hindurchführen und wir schauen, an welcher Stelle wir Ihnen einen Nutzen bringen können. Und danach erzähle ich Ihnen gerne noch was über unsere Firma oder zu meiner Person – dort, wo es passt. Einverstanden?« (Wieder Aussage und Frage.)

Alle nickten wie die Wackeldackel. Und was soll ich dir sagen: Wir haben dieses Projekt gewonnen. Das Ganze ist jetzt fünf Jahre her und ich arbeite für diesen Konzern immer noch sehr viel und sehr gerne.

Wenn du unbedingt etwas zeigen oder präsentieren möchtest, dann würde ich dir eine elektronische Whiteboard-Funktion empfehlen. Oder, quick and dirty: Ganz einfach einen Block nehmen, draufschreiben, was du sagen willst – und es in die Kamera halten!

Es gibt auch Zeichen-Tablets speziell für diese Funktion, wenn du es eher etwas technischer magst.

An dieser Stelle noch der Hinweis von Albert Einstein: »Wer etwas Kompliziertes nicht einfach darstellen kann, der hat es nicht wirklich verstanden.«

Viele weitere wertvolle Impulse für das Arbeiten aus dem Homeoffice haben wir für dich bereits in unserem Onlineseminar *Verkaufen aus dem Homeoffice* **zusammengestellt:**

https://www.triup.eu/e-learning/arbeiten-im-homeoffice/

Das Wichtigste für dein Online-Kundengespräch auf einen Blick

- Kläre deine Erwartungen an den Termin.
- Finde heraus, welche Erwartungen dein Kunde hat.
- Setzt ein gemeinsames Ziel!
- Nutze den Vorteil, alle Informationen auf einen Klick bereitzuhaben.
- Nutze die Flexibilität, die dir Online-Verkaufsgespräche bieten.
- Hab Spaß dabei!

Kapitel 10
Digitalisierung im Vertrieb

Henry Ford hat das Fließband in seiner heutigen Form perfektioniert. Damals war seine Leistung die absolute Revolution in der Industrialisierung.[2] Viele der Mechanismen der Industrialisierung kannst du 1:1 auf die Digitalisierung übertragen. Henry Ford hat den Menschen zu seiner Zeit geholfen, nicht mehr so viel *denken* zu müssen, indem er Prozesse simplifizierte und automatisierte. Gerade im Bereich Arbeitsprozesse ist das von Vorteil. Viele Prozesse sind heutzutage sehr komplex geworden und wir müssen diese Komplexität wieder reduzieren. Henry Ford hat das klug gemacht: Er hat die *kleinen* Schritte optimiert. Denn interessanterweise sind es immer die kleinen Schritte!

Als beispielsweise die Flugzeugbranche revolutioniert wurde, ging es darum, größere Maschinen herzustellen. Bei größeren Maschinen brauchst du eine andere Geschwindigkeit, um diese enorme Masse zu beschleunigen. Einer der Schritte – ein sehr entscheidender Schritt – war, dass die Nieten, mit denen die einzelnen Flugzeugteile verbunden werden, nicht mehr haptisch fühlbar sind. Wenn du dir heute diese Stellen anschaust, dann siehst du die Nieten zwar immer noch, aber die Fläche ist ganz glatt und eben. Diese Kleinigkeit brachte die Aerodynamik zur Perfektion.

Es sind die kleinen Schritte, die eine große Wirkung haben. Und es ist die Anzahl der kleinen Schritte – es ist nicht das

2 Wikipedia. *Henry Ford.* Aktualisiert am 15.02.2023. Online abrufbar unter: https://de.wikipedia.org/wiki/Henry_Ford - besucht am 21.02.2023.

eine »Große«. Das macht es so genial. Auch für uns im Verkauf.

Gleichzeitig kann uns die Digitalisierung dabei helfen, den Menschen zu entlasten und schneller zu werden. In Bezug auf das Thema Digitaler Vertrieb könnte man Folgendes sagen: Alles, was du *wiederholt* tust, das kannst du digitalisieren. Gerade im Mittelstand gibt es Unternehmen, die noch mit uralter Technik arbeiten, nach dem Motto: »Wenn du irgendwelche Fragen dazu hast, dann schick mir ein Fax.« (Das ist vielleicht ein bisschen überspitzt formuliert, aber du weißt, was ich meine.)

Digitalisierung ist genial dafür geeignet, um zwei Vorteile zu erreichen:

1. **Geschwindigkeit**: Du erhöhst die Geschwindigkeit in deinem Unternehmen, und zwar ohne, dass du dabei ausbrennst.Früher sagte man: »Der Große schluckt den Kleinen.« Heute gilt: »Der Schnelle schluckt den Langsamen.«
2. **Transparenz.** Viele Unternehmen wissen heute gar nicht mehr: Wer ist unser Kunde? Wie viele Kunden haben wir da draußen? Und wo halten sie sich auf? Welche exakten Herausforderungen haben diese? Auf welche Weise können wir ihnen einen konkreten Nutzen bringen? Und wie ist die Entscheiderstruktur beim Kunden angelegt?

Uns fehlt der Durchblick. Dem Management übrigens auch. Das Management weiß oftmals nicht, warum Kunden wirklich kaufen. Da kommt als Antwort dann nur dünn: »Weil wir gute Qualität haben.« Was bedeutet gut? (Wir sprachen schon beim Nutzen ausführlich darüber.) Mit einem guten CRM kannst du glasklar herausfiltern: Was ist Wunsch/Problem/Bedürfnis meiner Zielgruppe? Wenn das gut aufgesetzt ist, dann kann das Management oder auch der Geschäftsführer eines Unternehmens direkt hineinschauen und weiß exakt, warum die Menschen kaufen.

Zur Erklärung, solltest du den Begriff noch nie gehört haben: Ein CRM (Customer Relationship Management) ist eine Kundendatenbank mit einigen netten Zusatzfunktionen.

In den meisten CRMs steht nur drin: »Warum hat der Kunde nicht gekauft? – Wir waren zu teuer.« Zur Erinnerung: Es ist immer **Preis-Leistung**. Das bedeutet, der Preis passte nicht zur Leistung. Und was mich als Chef interessiert, ist: Welche Leistung haben wir nicht erbracht oder welche Leistung haben wir nicht geschafft zu verkaufen, also: verbal zu kommunizieren?

Dies sind nur einige Beispiele. Es gäbe an dieser Stelle noch viel mehr zu sagen. Um es hier für dich auf den Punkt zu bringen:

Wenn wir durch den Einsatz digitaler Möglichkeiten herausfinden, wer unser Kunde ist und wo er sich aufhält, können wir ihn gezielt und regelmäßig frequentieren. Und zwar mit genau den richtigen Produkten und Dienstleistungen, die ihm den größten Nutzen bringen.

Schauen wir uns an der Stelle einmal kurz an, wie Vertrieb und Marketing im Allgemeinen definiert werden:

- »Der Vertrieb ist eine betriebliche Funktion in Unternehmen, die Produkte oder Dienstleistungen für Kunden oder Endverbraucher verfügbar machen soll.«[3]
- »Der Begriff Marketing oder (deutsch) Absatzwirtschaft bezeichnet aus historischer Sicht den Unternehmensbereich, dessen Aufgabe (Funktion) es ist, Produkte und Dienstleis-

3 Wikipedia. *Vertrieb*. Aktualisiert am 14.10.2022. Online abrufbar unter: https://de.wikipedia.org/wiki/Vertrieb – besucht am 24.01.2023.

tungen in einer Weise zum Verkauf anzubieten, dass Käufer dieses Angebot als wünschenswert wahrnehmen.«[4]

Aus meiner Sicht liegt das Problem schon im Ursprung: Schau dir beide Bereiche exakt an und du wirst schnell sehen, dass es nicht funktionieren kann, wenn der eine Bereich vom anderen losgelöst behandelt wird. Doch genau das ist die Praxis in den meisten Unternehmen. Und dass Produkte und Dienstleistungen nur Mittel zum Zweck sind, haben wir in diesem Buch schon stark durchleuchtet.

Genau darum unterscheide ich in diesem Buch auch nicht zwischen Marketing und Vertrieb. Es geht um die Wirkung und Auswirkung, die wir mit unseren Produkten und Dienstleistungen auf unsere Kunden haben. Achte daher immer auf deinen Fokus, auf dein Ziel in deinem persönlichen Navi.

Schauen wir uns jetzt tiefergehend fünf Bereiche rund um die Digitalisierung an. Zum Abschluss zeige ich dir anhand eines Fallbeispiels aus meiner Beratung, welche einfachen Fragen große Prozesse in Gang bringen können.

---

4 Wikipedia. *Marketing*. Aktualisiert am 21.02.2023. Online abrufbar unter: https://de.wikipedia.org/wiki/Marketing – besucht am 21.02.2023.

Gestalte dein CRM und deine Arbeitsprozesse transparent und effizient

Bestimmte Schritte erledigst du immer wieder. Jeden Tag oder auch jede Woche. Frage dich: Was davon kann ich digitalisieren? Nehmen wir das Beispiel Kontakthalten. Kontakt zum Kunden halten, können wir elektronisch oder manuell. Wenn du etwa Neukunden hast oder Bestandskunden, die nur sehr sporadisch bei dir kaufen, dann kannst du mit einem Newsletter dafür sorgen, dass du in Erinnerung bleibst.

Wenn es nur darum geht, in Erinnerung zu bleiben, dann kann ein Newsletter pro Quartal oder pro Halbjahr völlig ausreichend sein (es sei denn, du arbeitest z. B. in einem saisonalen Geschäft).

Der Newsletter muss natürlich einen Mehrwert für deinen Kunden enthalten: Er sollte eine Frage beantworten, die sich der Kunde stellt. Auch hierbei hilft wieder der Blick auf Wunsch/Problem/Bedürfnis. Auf diese Weise kannst du nach dem Prinzip »one to many« sehr viele Leute erreichen. Natürlich kannst du deine Kunden auch alle sechs Monate anrufen. Doch das bedeutet direkt wieder einen hohen Zeitaufwand. Willst du das?

Elektronische Wiedervorlage. Die meisten Unternehmen arbeiten mit verschiedenen Programmen: einem Programm für ihre Kundendaten und einem externen Programm für ihre Wiedervorlage. Es gibt auch noch die guten alten Papiermappen. Nun kann es dir aber passieren, dass dich ein Kunde, den du dir für den Tag X auf Wiedervorlage gelegt hast, früher anruft – oder anruft, während du gerade unterwegs bist. Dir wird ganz heiß, weil du überlegen musst: Wo habe ich seine Unterlagen? Im schlimmsten Fall ruft dich direkt danach der nächste Kunde an. Du vergisst das aber, weil du dich anschließend einer anderen Aufgabe widmest – und schon hast du ein Durcheinander in deiner Wiedervorlage.

Ein entscheidender Punkt ist auch: Du bist möglicherweise der Einzige, der das Programm beherrschst. Das ist nicht sinnvoll, wenn du im Team arbeitest (z. B. Vertriebsaußendienst und Vertriebsinnendienst). Ein Beispiel, wie es optimal wäre und mit einer elektronischen Wiedervorlage funktioniert: Der Vertriebsaußendienst legt sich auf Vorlage »Rufe bitte den Kunden XY wegen Projekt YZ an«. Ihr habt mehrere Projekte mit diesem Kunden. Der Vertriebsinnendienst (VI) hat diesen Kunden wegen einer anderen Sache am Apparat und kann ihm aufgrund der griffbereiten Daten direkt sagen: »Übrigens, lieber Kunde XY, bei Projekt YZ, wie ist denn da der Stand?« Wenn er die Antwort erhalten hat, kann der VI diese Aufgabe im CRM als erledigt markieren und canceln, damit der Kollege es nicht noch mal machen muss. Das ist höchst effizient für euch und der Kunden reagiert auch nicht genervt, weil er wegen der gleichen Sache zweimal angerufen wird.

Diese Transparenz unter Kollegen, die wir gerade gesehen haben, gilt natürlich auch gegenüber Vorgesetzten. Auch der Chef kann auf einen Blick sehen: »Wie ist denn gerade der Stand mit dem Kunden XY?« Transparenz ist ein nicht zu unterschätzender Faktor in deinem Unternehmen.

Dieses Beispiel ist so einfach, wird aber in den meisten Unternehmen nicht gelebt.

Mein Tipp:
Arbeite mit ein und demselben Programm für deine Kundendaten wie auch für die Wiedervorlage bzw. sorge dafür, dass die Programme miteinander verbunden sind.

Connecte deinen Newsletter mit deinem CRM. Auch Newsletter, die verschickt werden, laufen oft als separates Programm. Dabei können auch sie ganz einfach mit dem CRM kombiniert werden. Auch hierfür gibt es hervorragende Programme. Du siehst dabei gleich die jeweiligen Öffnungs- und Klickraten und erkennst auf einen Blick, welcher Kunde sich welches Produkt oder welche Dienstleistung angesehen hat. Das verschafft dir den Überblick, was die MENGE wirklich interessiert. Wenn das Programm richtig eingestellt ist, siehst du sogar, was den einzelnen Kunden interessiert – und dieses Ergebnis wiederum sollte dem Kundenkontakt im CRM direkt zugeordnet sein.

Du wirst oft überrascht sein, welche Themen die besten Öffnungs- und Klickraten haben! Dies liefert dir wertvolle Hinweise, welchen Angeboten und Themen du dich in Zukunft verstärkt widmen solltest.

Kombiniere deine Homepage mit deinem CRM. Wenn du Anfragen über deine Homepage erhältst, kannst du so direkt sehen: Wo ist der Kunde gelandet? Was hat er sich wie lange angeschaut? Was hat den Kunden tatsächlich interessiert?

Auch das sind wesentliche Informationen. Und im besten Falle auch: Wie kommt er überhaupt auf deine Homepage?

Sei schneller mit deinen Angeboten. Mit einem guten CRM kannst du Angebote schneller schreiben. Die Anfragen, die z. B. über die Homepage hereinkommen, landen als Lead direkt in deinem CRM. Du trägst nichts mehr von Hand ein. Ein Standardangebot ist somit in wenigen Sekunden geschrieben und du kannst es noch individualisieren.

Verbinde dein CRM mit deiner Telefonanlage. Der Kunde ruft dich an und auf deinem Bildschirm öffnet sich sofort die Kundendatei. Bei uns ist das Ganze auch noch mit dem Handy verbunden. Warum? Ich bin viel unterwegs und jedes Jahr sitzen bei mir alleine ca. 800 Teilnehmer in den Seminaren. Dazu kommt, dass zu diesem Zeitpunkt, an dem ich das Buch schreibe, etwa 1.500 Teilnehmer die Online-Academy absolviert haben. Und es werden stetig mehr. Wenn mich einer von denen anruft und sagt: »Dirk, vor einem halben Jahr war ich in deinem Seminar«, kann ich ihn anhand seines Vor- und Nachnamens sofort zuordnen. Das hilft mir unwahrscheinlich.

Wenn das CRM richtig verbunden ist und genutzt (!) wird, siehst du außerdem sofort: »Was ist gerade Sache mit dem Kunden?« Die meisten Verkäufer sind ziemlich verlegen, weil sie zig Kunden haben. Du siehst deine Wiedervorlage, weil sie im gleichen System integriert ist, und kannst ganz elegant sagen: »Lieber Herr Kunde, Sie hatten das und das angefragt. Wir hatten uns ja auch über das und das unterhalten ...« Der Kunde bekommt sofort ein gutes Gefühl, weil du weißt, was los ist und dein Business offensichtlich im Griff hast. Und auch du bist entspannt, weil du klare Fragen stellen kannst und über alle Informationen verfügst. Ein megawichtiger Punkt für Effizienz und Zeitersparnis!

Outbound und Protokoll. Aus dem CRM heraus kannst du deine Kunden direkt telefonisch anwählen. Alle Anrufe werden protokolliert. Es klingt unglaublich, doch ich hatte erst vor Kurzem wieder ein Gespräch mit einem Kunden, der nicht weiß, wie viele Telefonate seine Mitarbeiter führen. Und ob sie überhaupt telefonieren! Autsch. Es geht dabei nicht um Kontrolle. Es geht vielmehr um Überblick und Steuerung: Sind die Mitarbeiter zu viel mit Kleinigkeiten beschäftigt? Dann muss ich als Chef sofort etwas tun. Wenn ich es nicht weiß – kann ich nicht reagieren.

Durch das Protokoll sieht der Innendienst auch sofort, an welchem Tag der Außendienst zuletzt mit dem Kunden gesprochen hat. Das bedeutet, er kann ganz anders vorgehen. Noch einmal, weil es wichtig ist: Es geht um Steuerung für das Management und nicht um Kontrolle.

KI – Künstliche Intelligenz. KI kann Daten über deinen Kunden und über seine Firma sammeln und in dein CRM integrieren. Du erhältst auch hier eine ganz andere Transparenz bezüglich deines Kunden und kannst dich noch mehr auf ihn einstellen: Was könnte sein Wunsch/Problem/Bedürfnis sein? Und welchen Nutzen könntest du ihm liefern?

Übrigens: Genau dafür brauchst du den MENSCHEN, das kann keine Maschine!

Managementüberblick. Über KPI (das sind vom Unternehmen festgelegte Kennzahlen) kannst du in *Echtzeit* (und nicht erst, wenn es zu spät ist) z. B. erkennen: Wie viele Telefonate können meine Mitarbeiter im Außendienst oder Innendienst überhaupt noch führen und/oder aktive und umsatzrelevante Sonderaktionen durchführen? Die meisten sehen das erst, wenn die Firma bilanziert – also im Folgejahr, wenn das Kind schon in den Brunnen gefallen ist.

Über das CRM wird sofort deutlich, wie viele Anrufe innerhalb eines gewissen Zeitraums hinausgegangen sind oder welche Anzahl an Angeboten verschickt wurde.

Angebotsquote. Angenommen, du schreibst 100 Angebote und davon werden nur 30 zum Auftrag. Dann hast du eine Angebotsquote von 30 Prozent, was mir persönlich zu wenig wäre. Ich würde mich fragen: Wie kann ich das erhöhen? Dabei hilft auch der Vergleich zum Vorjahr: Wie hoch war die Angebotsquote im letzten Jahr? Hatten wir letztes Jahr eine Quote von 60 Prozent, schreiben aber in diesem Jahr mehr Angebote? Dann stimmt etwas nicht! Diese Transparenz bekommst du als Manager sofort und auch als GVL, als Gebietsverkaufsleiter, um dein Gebiet sauber strukturieren zu können.

Mein Tipp:
Das CRM sollte mit der Buchhaltung kombinierbar sein. Dann siehst du gleich, ob es offene Rechnungen bei diesem Kunden gibt.

In den meisten Unternehmen fasst ein Buchhalter nach, wenn eine Rechnung säumig ist. Das kostet Zeit und in vielen Fällen geht es schief. »Hör mal, Kunde, du hast schon wieder zu spät bezahlt. Beim nächsten Mal sage ich es deinem Chef!«, sagt der Buchhalter (nicht ganz wörtlich, aber vom Sinn her). Nicht jeden Buchhalter kannst du beim Kunden anrufen lassen.

Mobilität und Geräteunabhängigkeit. Ein gutes CRM ist aus meiner Sicht heutzutage immer mobil und damit ortsunabhängig und auch unabhängig von Devices. Egal, wo ich mich aufhalte: Sobald ich mein Handy dabeihabe, habe ich Zugriff auf alle Kontakte und Informationen und könnte theoretisch ein Angebot mal eben aus der Disco herausschreiben (was ich nicht vorhabe) oder aus dem Urlaub.

Oder stell dir mal vor, es würde eine Pandemie geben (vollkommen utopisch, oder?), dann müssten die Menschen nicht erst irgendwelche VPN-Zugänge oder Ähnliches zugewiesen bekommen, sondern sie hätten alle Informationen direkt in der (firmeneigenen) Cloud.

Wichtiger Hinweis:
In der Digitalisierung wie auch generell ist es nicht ausschließlich ein Punkt und es ist nicht jeder Punkt, der für dich und deinen Erfolg entscheidend ist. Pick dir aus meinen Vorschlägen einfach die Aspekte heraus, die zu dir passen. Prüfe auch vorher immer genau, was in Bezug auf Daten(-schutz) gerade erlaubt und was sinnvoll für dich und dein Unternehmen ist.

Menschen halten gerne an Bewährtem fest. Das heißt: Wenn es in Firmen Vorschläge gibt, dann betrifft das immer »die Anderen«, aber nicht einen selbst. Frage dich ernsthaft: Willst du deinen Job überhaupt effizienter machen? Und bist du bereit für Veränderung?

Im Kern geht es darum, dass du Geschwindigkeit und Transparenz erhöhst und dass du jeden Arbeitsschritt so einfach wie möglich gestaltest. Das steigert die Effizienz und entlastet gleichzeitig die Menschen.

Gewinne deine Kunden digital

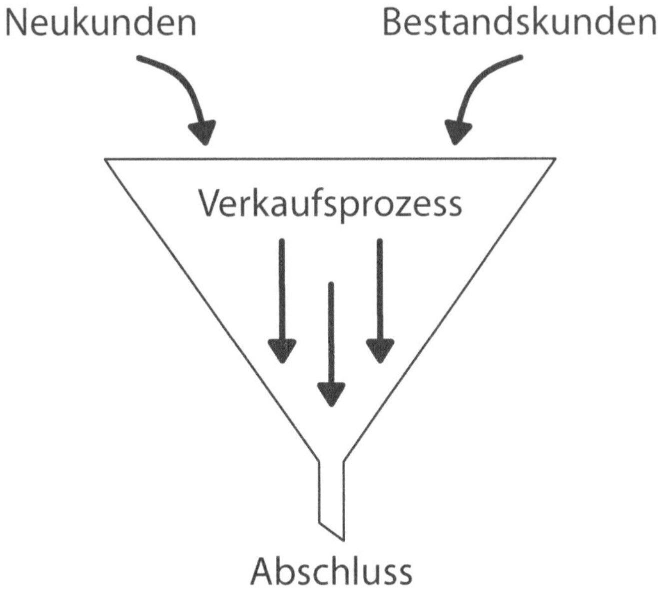

Selbst wenn du schon Bestandskunden hast, so musst du dich trotzdem kontinuierlich um Neukunden kümmern, da auch Bestandskunden mit der Zeit wegfallen können. Die meisten Verkäufer reagieren erst, wenn der Umsatz zusammenbricht. Und genau dann braucht es viel Zeit, bis du mit den neuen Kunden auch wirklich Umsatz machst.

Du kennst den Verkaufstrichter: »Wie viele Kunden solltest du kontaktieren, um eine bestimmte Anzahl von Abschlüssen zu generieren?« Am Anfang steht also die Kontaktaufnahme. Wie kommen du und dein Kunde überhaupt zusammen? Dabei gibt es mehrere Methoden. Zwei davon sind sehr erfolgreich.

Weg Nummer 1: Telefonakquise
Sie funktioniert immer noch und sie funktioniert auch sehr gut, wenn sie **menschengerecht** durchgeführt wird. An dem Punkt scheitern die meisten. Ich persönlich setze auch heute noch gezielt die Telefonakquise ein, wenn ich einen ganz bestimmten Kunden akquirieren möchte. Bei der Telefonakquise bestimmst du, wen du haben möchtest.

Weg Nummer 2: Digitale Kundengewinnung
Hierbei *schieße* ich Material in die Welt – und beobachte, was zurückkommt. Dabei selektiere ich nicht mehr exakt danach, um welche Firma es sich handelt, sondern ich kann nach Branchen, Zielgruppen etc. entscheiden: In welche Kanäle gebe ich meinen Input?

Hierfür stehen dir zahlreiche Wege zur Verfügung:

- Guter Content auf deiner Website. Dieser muss a) deinem Zielkunden einen Mehrwert bringen und b) suchmaschinenoptimiert sein. So wirst du organisch gefunden. Das nennt sich **SEO (Search Engine Optimization)**.
- **SEA-Werbung**, das sind z. B. *Google Ads*.
- Werbung über Social Media.

Schon vorweg der Hinweis: Alle diese Aktionen sind nichts wert, wenn du danach NICHT lieferst. Wie du das machst, zeige ich dir auf den folgenden Seiten.

Wie läuft so etwas ab? Ganz einfach. An erster Stelle solltest du dem potenziellen Kunden/Betrachter immer einen Nutzen bieten. Das bedeutet, du überlegst dir: Was ist Wunsch/Problem/Bedürfnis meiner Zielgruppe? Welche Fragen hat sie? Und welchen Nutzen kann ich ihr bringen? Das kann z. B. durch eine Information geschehen, eine Checkliste, ein Workbook, ein Video usw. Um den genauen Inhalt dieser oben genannten Medien zu gestalten, brauchst du den konkreten Nutzen für deine Zielgruppe. Dank allem, was du in diesem Buch gelernt hast, kannst du den Nutzen inzwischen richtig gut auf den Punkt bringen.

> **Mein Tipp:**
> Löse das Problem deiner Zielgruppe. Hilf ihr weiter. Und schau in erster Linie nicht auf den Umsatz, sondern auf den Mehrwert. Die *Bezahlung* ist in diesem ersten Schritt der KONTAKT.

Du bekommst eine E-Mail-Adresse, eine Telefonnummer oder dergleichen von deinem potenziellen Kunden, über die du ihn in Zukunft immer wieder ansprechen kannst.

Auch hier bietet der digitale Vertrieb mehrere Wege: Wenn du elektronische Produkte hast, kannst du einen sogenannten **Funnel (Verkaufskanal)** aufbauen. Das bedeutet: Du hast zunächst Produkte im Entry-Bereich (niedriger Preis) und kannst dich dann langsam steigern (Preis-Leistung).

Es kann auch sein, dass du nur den Kontakt erhältst, was auch schon sehr interessant ist. Dann rufst du diesen Menschen im zweiten Schritt einfach an und gewinnst ihn mit den Verkaufstechniken, die du in diesem Buch gelernt hast, als Kunden.

Liefere also einen Mehrwert und überlege dann: Für welche Erweiterung könnte der Kunde Geld bezahlen?
Elektronische Produkte, wie z. B. E-Books, Webinare, Videos, Hörbücher usw., kannst du direkt in deinen Funnel einbauen. Modifiziere und aktualisiere ggf. deinen Funnel, wenn du herausge-

funden hast, worum es deiner Zielgruppe wirklich geht oder wenn sich etwas verändert. Steht dein Funnel sauber, kannst du Bezahlwerbung schalten und deinen Umsatz über das Budget steuern, das du in die Werbung investierst.

Mein Tipp:
Die Herausforderung liegt im Start – also fang einfach an!

Führe Kundengespräche digital

Im Kapitel 9 haben wir ausführlich besprochen, wie du deine Online-Verkaufsgespräche optimal vorbereitest und durchführst. Schau dir dies ruhig noch einmal an, damit du alle Punkte verinnerlicht hast und entspannt ins nächste Meeting gehen kannst.

Digitalisiere die Leistungserfüllung

Du hast in der digitalen Welt die schöne Möglichkeit, deinen Kunden deine Beratungen bzw. deinen Service in Form von Videos oder Tutorials zur Verfügung stellen. Damit hilfst du deinen Kunden weiter. Eine Unterstützung, die gerne angenommen wird. Nehmen wir an, du bist Hersteller im B2B-Bereich und verkaufst dein Produkt an andere Händler. Dann könntest du für deine Kunden ein kurzes Tutorial oder einen auf Video aufgezeichneten Workshop erstellen, wie die Kunden das Produkt besser an ihre Endkunden verkaufen können. Damit trainierst du deine Kunden und legst die Grundlage für ihren Erfolg, der wiederum auch dein Erfolg ist.

Wir bei tri*up* machen das z. B. mit ein paar größeren Firmen: Diese Unternehmen haben unsere Seminare mit ihrem eigenen Logo gelabelt und verkaufen sie weiter an ihre Kunden. Das Ganze ist ein absoluter Win-Win. Denn der Hersteller ist daran interessiert, dass sein Produkt verkauft wird, weil er damit Umsatz macht. Und seine Kunden, die Händler, sind ebenfalls daran interessiert, das Produkt zu verkaufen, weil sie damit Umsatz machen. Ich wiederum bin daran interessiert, dass sie die Online-Akademie verkaufen, weil wir dadurch richtig genialen Mehrwert in die Unternehmen bringen. Wir werden außerdem noch bekannter – und als netten Nebeneffekt machen wir Umsatz und Gewinn. Win-Win-Win! Die Teilnehmer sehe ich übrigens noch nicht mal live. Und der Hersteller kann dadurch seinen Kunden (den Händlern) sofort weiterhelfen, was ihm ein tolles Gefühl gibt.

Jetzt gibt es hier gerne wieder ein menschliches Denkmuster und das lautet: »Das geht nicht ohne mich. Mich muss man live erleben!« Ganz ehrlich, in vielen Fällen ist das Blödsinn. Es geht viel mehr, als wir im ersten Moment glauben. Solltest du jetzt ein Magengrummeln verspüren, dann haben wir vielleicht deinen wunden Punkt mit dem Denkmuster »Bei mir geht das aber *wirklich* nicht« erwischt. Denkmuster oder Wahrheit? Wenn du möchtest, prüfe nach.

Sobald ich in meinem Fachbereich etwas mehrfach erzähle, könnte es theoretisch auch jemand anderes machen. Später – z. B. in der individuellen Beratung oder in der Umsetzung – sind dann deine Persönlichkeit und Präsenz wichtig. Doch bis dahin gibt es einiges, was digitalisierbar ist.

Wie ich dir in der Einleitung zu diesem Buch erzählt habe, ist die Online-Akademie während der Coronazeit geboren. Ursprünglich waren die aufgezeichneten Webinare für eine Bank entstanden, die die Nutzungsrechte nur für sich besitzt. Die kompletten Verwertungsrechte liegen hingegen alle bei uns. Demzufolge können wir die Akademie weiter für uns und unsere künftigen Kunden nutzen. Auch hier wieder ein Win-Win: Die Bank hat damals die Webinare bekommen, die sie für sich brauchte. Und wir hatten unsere Online-Akademie.

Die Akademie ist noch aus einem anderen Grund sehr hilfreich: Wenn ein Unternehmen schon eine gewisse Anzahl Mitarbeiter zu mir ins Verkaufsseminar geschickt hat und danach neue Mitarbeiter einstellt, dann lohnt es sich finanziell und zeitlich nicht, wegen ein bis zwei Mitarbeitern noch mal in zwei ganze Trainertage zu investieren. Diese neuen Mitarbeiter erhalten daher ganz einfach Zugang zu unserer Online-Akademie. Für das Unternehmen ist das ein großer Pluspunkt. Sie können schon in den Bewerbungsgesprächen sagen: »Lieber Mitarbeiter, wir investieren ab dem ersten Tag in dich.« Darüber hinaus wird der Mitarbeiter direkt professionell geschult – das Unternehmen hebt ihn dadurch vom Start weg auf ein bestimmtes Wissensniveau.

Ein anderes Beispiel: Alle unsere Beratungskunden erhalten zunächst das e-Learning-Seminar *Verkaufen im Flow*. Sie *müssen* es durcharbeiten, damit sie verstehen: Was ist Wunsch/Problem/Bedürfnis des Kunden? … Denn das würde ich in der Beratung ohnehin alles erzählen. Wir sparen somit Zeit.

Vor kurzem hätten wir eigentlich einen Termin mit einem Unternehmen gehabt. Wir haben ihn verschoben, weil das Unternehmen noch keine Zeit hatte, die Online-Akademie durchzuarbeiten. Wenn sie dies vorab erledigen, dann können wir in nur *einem* Beratungstag extrem viel schaffen. Letztendlich werde ich nicht für meine Zeit bezahlt, sondern für die **Wirkung**, die ich für den Kunden erreiche.

Mein Tipp:
Aus einer Akademie kann viel Schönes für dich und dein Unternehmen entstehen.

Und eine Akademie ist nur *ein* Weg. Schau doch mal bei deinen Wettbewerbern oder, noch besser, in anderen Branchen, wie die das machen. Du kannst so viel auf dein Unternehmen übertragen. Das machen die wenigsten!

Wo hat der Mensch noch seinen Platz?

Welchen Vorteil hast Du gegenüber einem Computer?

Erinnere dich bitte an das Bild mit der Schnittmenge: Der Kunde hat Wunsch/Problem/Bedürfnis (größtenteils unbewusst und im emotionalen Bereich). Ich als Verkäufer habe den konkreten Nutzen für ihn. Das ergibt die Schnittmenge, innerhalb der ich verkaufen kann. Eine Schnittmenge, die überwiegend emotional und für den Kunden unbewusst entstanden ist. Und genau hier liegt die Herausforderung für den Computer.

Diese Schnittmenge wirklich sauber herauszuarbeiten, schafft keine Maschine. Dafür brauchst du hochempathische Verkäufer mit einer starken Persönlichkeit, die sich wirklich für Menschen interessieren. Das schafft kein »Warenbewacher«. Das schafft auch keiner, der ein Produktdatenblatt herunterliest oder den Erklärbären macht. Dafür brauchst du Menschen aus Fleisch und Blut. Halte dir an dieser Stelle einfach eines vor Augen:

Wir können alles digitalisieren – nur nicht die Emotionen von Menschen. Hier wirst du gebraucht, hier ist dein Platz. Und alles, was ich dir auf den vorherigen Seiten vermittelt habe, soll dir bestmöglich dabei helfen.

Warum die richtige Zielsetzung auch im digitalen Vertrieb unerlässlich ist: Ein Fallbeispiel

Du erinnerst dich sicher daran, dass ich im ersten Kapitel dieses Buches ausführlich über die Kalibrierung deines inneren Navis gesprochen habe. Die Beschäftigung damit – mehr noch: Die präzise Kalibrierung deines Business-Navis ist auch in der Digitalisierung unverzichtbar. Warum? Weil du sonst zwei essenzielle Fragen nicht klar beantworten kannst:

1. Wo soll/kann ich mit der Digitalisierung überhaupt STARTEN?
2. Mit welchem ZIEL? Wo soll die digitale Reise für mein Unternehmen und mich überhaupt hingehen? Worin exakt soll das Ergebnis bestehen?

Es gibt zahlreiche Unternehmen, die in der Vergangenheit Unmengen an Geld in die Digitalisierung investiert haben, ohne das gewünschte Ergebnis zu erreichen.

In diesem Abschnitt teile ich ein Fallbeispiel aus meiner Beratung mit dir, das verdeutlicht, warum die richtige Zielsetzung von Anfang an wichtig ist. Andernfalls laufen wir in die falsche Richtung. Dann kann nichts Gutes dabei rauskommen, oder? Das Fallbeispiel zeigt auch, wie ich finde, sehr schön, wie *einfach* plötzlich die Umsetzung und der Weg werden, sobald wir uns bewusst sind, was wir wirklich wollen.

Karen Christine ist Bestsellerautorin von über 40 eigenen Büchern, die international gelesen werden. Seit mehr als 20 Jahren begleitet sie Menschen außerdem als Buch-Coach/Mentorin und hat parallel dazu acht Jahre lang ein eigenes Verlagshaus geleitet. Sie unterstützt andere Unternehmer und Selbstständige in Beratungen und Coachings dabei, ihr Wunschbuch zu schreiben. Auch ich habe vor dem Schreiben eine Beratung bei ihr gebucht, um die optimale Struktur für dieses Buch zu entwickeln und für das Schreiben selbst perfekt gerüstet zu sein.

Karen Christine hat mir viele Fragen gestellt. Das hat enorm dazu beigetragen, dass ich für mich in die Reflexion gehen konnte und mehr und mehr in die eigene Klarheit kam. Einen Sparringspartner bei einem Prozess wie dem Bücherschreiben zu haben, halte ich nach dieser Erfahrung für extrem wertvoll. Wie beim Verkaufen auch braucht es eine absolute innere Klarheit, um seine Gedanken für andere gut lesbar und verständlich aufs Papier bringen zu können. Und Reflexion funktioniert mit einem Sparringspartner am besten.

Karen Christines Hauptzielkunden sind Unternehmer und Selbstständige, die sich ein Expertenbuch wünschen, das sie ihren eigenen Kunden an die Hand geben können. Die Kunden erhalten einen großen Mehrwert durch die im Buch dargestellten Inhalte und der Autor hat sein Expertenwissen für immer gesichert. Was für ein wunderschöner Prozess!

Die Besonderheit von Karen Christine ist die Art, *wie* sie ihre Beratungstätigkeit ausübt. Sie holt aus jedem Menschen und jedem Buch das Beste heraus – mit viel Klarheit, Herz und Seele. Da ich Karen Christine als Unternehmerin und vor allem als Mensch sehr schätze, bot ich ihr an, einen Blick auf ihr Business zu werfen.

An dem Punkt, an dem wir sprachen, war sie fast täglich 14-16 Stunden im Büro, weil sie so gut gebucht ist. Ihr Wunsch nach mehr Freizeit, Zeit für liebe Menschen in ihrem Umfeld und vor allem auch Zeit für die eigene Regeneration war sehr stark. Schon häufiger musste sie ihrem Lebenspartner das gemeinsame Golfspiel oder andere Aktivitäten absagen, weil noch ein wichtiger Liefertermin beim Kunden oder beim Verlag anstand.

Ich sagte zu ihr: »Ich bin überzeugt davon, dass du 80 Prozent deines Wissens digitalisieren kannst.« Karen Christine war überrascht und auch leicht skeptisch. Sie sah den Ansatzpunkt nicht:

- Welche Teile ihres Wissens möchte ein Kunde bei ihr digital kaufen?
- Für welche Teile braucht es die persönliche Präsenz, z. B. im Einzelcoaching?
- Welche Produkte sind für welche Zielgruppe sinnvoll?
- Wie kann die Preisgestaltung sein?

- Wie kann der Verkauf, z. B. über einen Funnel und eine Automatisierungssoftware möglichst leicht und effizient geschehen?

Ich will noch ergänzen: Karen Christine ist so gut gebucht, dass die Kunden, die von ihr keine Beratung, sondern das gesamte Manuskript erstellt haben möchten, in der Regel drei bis sechs Monate auf den Start der Zusammenarbeit warten müssen. Das machte sie selbst nicht mehr glücklich – denn natürlich würde sie ihre Zielkunden gerne gleich und sofort bedienen. Wie könnte man bei gerade diesen Kunden für Zufriedenheit sorgen? Ganz einfach, indem man sie dazu befähigt, erste Schritte selbst zu unternehmen, bis die Beratung beginnt.

Der Gedanke gefiel uns immer besser, je mehr wir uns darüber austauschten. Denn damit würden zwei Fliegen (Ziele) mit einer Klappe geschlagen werden: Der Kunde wäre glücklich, weil es schon *losginge*. Er müsste nicht lange warten und würde somit auch nicht zu einem Mitbewerber abwandern (wobei ich dir sagen kann: Das, was du bei ihr bekommst, bietet dir niemand der Mitbewerber, die ich auf dem Markt kenne). Gleichzeitig, und das ist der geniale Effekt, den uns die Digitalisierung darüber hinaus bietet, würden erste Ergebnisse für den Kunden erzielt, die die spätere Zusammenarbeit auch noch erleichtern würden. Die Zeit, die bis zum Start der Beratung verging, würde also hocheffektiv genutzt werden!

Karen Christine könnte ihren Kunden also in einem e-Learning-Kurs erste Fragen zum Projekt stellen, ihnen Hausaufgaben geben. Die Fragen würden den Kunden wiederum in seine Klarheit bringen – was schlussendlich dem gesamten Projekt zugutekommen würde.

Du erinnerst dich: Je klarer unsere Kunden sind, umso klarer können wir darauf reagieren und die bestmögliche Lösung anbieten!

Im weiteren Verlauf des Gespräches fand ich heraus, dass das Thema e-Learning Karen Christine sehr interessierte und ihr großen Spaß machte. Einen ersten eigenen e-Learning-Kurs zum Thema Expertenbuch hatte sie bereits ein halbes Jahr zuvor erfolgreich in die Welt gebracht. Er hatte sogar den ersten Preis in einem Wettbewerb unter 2.000 Einreichungen gewonnen, hatte also von der optischen Gestaltung wie auch von der didaktischen Vorgehensweise sehr überzeugt und wurde von ihren Kunden sehr gut angenommen. Doch Karen Christines Wissen war noch deutlich umfangreicher. Eine erste Idee für ein digitales Produkt, das für viel Erleichterung sorgen würde, für glückliche Kunden und für mehr Zufriedenheit sowie weniger Stress bei Karen Christine, war geboren. Bevor wir jedoch konkret über die Inhalte ihres neuen Kurses sprachen, fragte ich sie nach ihrem IST-Zustand und ihrem ZIEL.

Ist-Zustand:

- Sehr gut gebucht von den Zielkunden.
- Kunden müssen oft zwei bis drei Monate warten, bis sie *drankommen*, bei manchen Produkten sogar drei bis sechs Monate.
- Zu wenig Zeit für die eigene Regeneration, für private Aktivitäten, für ihren Partner, Familie und Freunde.
- Gefahr eines Burn-outs gegeben, da hoher zeitlicher und kreativer Druck über das ganze Jahr.
- Möchte weniger arbeiten und gleichzeitig den Umsatz noch steigern.
- Die Einnahmen sollen außerdem unabhängiger von der persönlich geleisteten Arbeitszeit (1:1) werden.

- Sie möchte noch mehr Menschen helfen!

Als ich Karen Christine nach ihrem Ziel fragte, wurde es spannend. Sie sagte: »Ich möchte eigentlich in vier bis sechs Stunden Arbeit am Tag alle Aufgaben erledigt haben.«

Ich: »Wie kommst du auf die vier bis sechs Stunden?«

Sie antwortete: »Das würde sich für mich gut anfühlen. Dann hätte ich mehr Zeit für andere Dinge. Mir hat auch mal jemand in einem Coaching gesagt, dass ich nicht mehr als vier bis sechs Stunden arbeiten soll, um mich selbst nicht zu erschöpfen.«

Hier wurde ich stutzig und fragte: »Ist die Person, die dir das gesagt hat, selbst erfolgreich?«

Sie überlegte einen Moment, dann sagte sie: »Nein.«

Ich ließ das erst mal so stehen und fragte: »Ist es denn eigentlich wichtig, dass es genau diese vier bis sechs Stunden sind? Oder was ist dir noch wichtig?« (Klammer um das Gesagte machen – Blick auf die weiße Fläche richten, weg vom grünen Punkt!)

Karen Christine antwortete: »Mir ist wichtig, dass ich mehr Zeit und mehr Luft in meinem Tag habe. Mein Beruf erfordert große Zeitfenster, auch an vielen Abenden und Wochenenden. Ich möchte auch meinem Partner nicht mehr so oft ›Nein‹ sagen, wenn er mich fragt, ob ich Lust habe, mit ihm etwas zu unternehmen. Mein Partner ist 14 Jahre älter als ich und in einer anderen Lebensphase. Ich würde gerne mehr Zeit mit ihm verbringen, denn wir alle wissen, dass die eigene Lebenszeit kostbar ist. Wir haben im letzten Jahr einen engen Freund verloren, der eigentlich das Alter mit seiner Frau gemeinsam genießen wollte. Es war ihnen nicht mehr möglich. Das hat uns daran erinnert, dass das Leben endlich ist, auch wenn wir immer das Gefühl haben, unendliche Superkräfte zu haben.«

Das verstand ich sehr gut und es berührte mich sehr, als sie das sagte. Ich fragte: »Mal angenommen, du hättest immer genügend

Zeit für dich und all das, was du gerne tun würdest. Ist es dann immer noch wichtig, wie viele Stunden du am Tag arbeitest?«

»Nein«, meinte Karen Christine ohne Zögern. »Meine Arbeit macht mir viel Spaß und erfüllt mich. Wenn ich an einem Buch für einen Kunden oder einen Verlag sitze, vergehen die Stunden wie im Flug. Ich glaube, dass ich am richtigen Platz bin. Es macht mir sehr viel Freude, Menschen und ihre Ideen zu entwickeln – und auch ihren Unternehmen in eine neue Klarheit zu helfen und damit ihren Erfolg zu beflügeln.«

Ich fragte Karen Christine nach ihren Umsatzzielen. Auf eine genaue Zahl konnte sie sich nicht gleich festlegen, doch ihr Ziel ging in Richtung der Verdopplung ihres bisherigen Umsatzes.

Gleichzeitig war sie in einem anderen Punkt sehr klar: »Ich möchte mein Unternehmen schlank halten und keine Mitarbeiter beschäftigen. Ich habe sechs bis acht freie Mitarbeiter und eine feste Assistentin. So möchte ich es gerne weiter halten.«

Du merkst: Plötzlich waren wir bei einem ganz anderen Ziel gelandet. Das Ziel lautete nun nicht mehr: »Ich möchte nur noch vier bis sechs Stunden am Tag arbeiten«, sondern: »Ich möchte Menschen dabei helfen, ihr Wissen in die Welt zu bringen, damit diese wiederum die Möglichkeit haben, mit den entstehenden Büchern (oder auch anderen Medien) etwas Positives in *anderen* Menschen zu verändern – beruflich und privat. Dabei möchte ich meinen bisherigen Umsatz verdoppeln, und zwar mit Leichtigkeit und durch die Digitalisierung und Automatisierung des umfangreichen Wissens aus meinen 23 Jahren praktischer Erfahrung in den Bereichen Bücherschreiben, Verlegen und Vermarkten.«

Wie hört sich das für dich an? Ich kann dir sagen, dass Karen Christine gerade dabei ist, spannende Produkte zu entwickeln, die ihren Kunden in Zukunft den Weg zum eigenen Buch in Zukunft noch leichter machen. Und auch ihr eigener Arbeitsalltag wird leichter und noch erfolgreicher, als er ohnehin schon ist. Wenn das wahre Ziel klar ist, zeigt sich der Weg. Spannend, oder?

Automatisierung als Schlüssel zur Freiheit
Ein weiteres wichtiges Thema für Karen Christine wird künftig sein, bestimmte Prozesse automatisiert abzubilden. Dazu gehört z. B.:

- die Einrichtung mehrerer Funnels (Verkaufskanäle) für die verschiedenen Produkte und Dienstleistungen,
- die automatisierte Rechnungserstellung, die ihre Assistentin wie bisher betreuen kann – nur mit viel weniger Zeitaufwand
- und: die wiederholte Kundenansprache (Erinnerungsmails) übers Jahr mittels eines guten CRMs.

Überprüfe an dieser Stelle für dich: Wo stehe ich gerade? Wo und wie könnte ich die Digitalisierung in meinem Unternehmen starten – und mit welchem Ziel? Welche Automatisierungssoftware und welches CRM unterstützt mich dabei am allerbesten?

Abschließend ist mir noch wichtig zu sagen: Die Frage ist längst nicht mehr, *ob* wir digitalisieren müssen. Die Frage ist: Wie schnell bist du dabei?

Ich wünsche dir von Herzen, dass dieses Thema viel Gutes in dein Unternehmen bringt und dir deinen Arbeitsalltag leichter und stressfreier macht.

Du hast an diesem Beispiel auch gesehen, wie wichtig es ist, sich an bestimmten Punkten ein professionelles Coaching oder eine externe Beratung zu holen. Jeder Weltklasse-Sportler lässt sich permanent coachen und entwickelt sich so konsequent weiter.

Prüfe für dich, ob es an der Zeit ist, dass auch du dir Hilfe von außen holst, um deine Situation, deine Ziele und deren Umsetzung tiefer zu reflektieren und mit den richtigen Impulsen noch einfacher und gewinnbringender für dich zu machen.

Noch ein abschließender Gedanke, der, wie ich finde, für das Thema Digitaler Vertrieb genauso gilt wie für alle unsere Aktivitäten im Leben: Eine Teilnehmerin in unseren Seminaren trug eine Kette um den Hals mit dem Unendlichkeitszeichen. Ich finde das immer super interessant, wenn Menschen Tattoos oder Zeichen tragen – und vor allem, was sie darüber erzählen. Die Teilnehmerin sagte zu mir: »Das Unendlichkeitszeichen steht für mich für Karma. Was du ins Leben reingibst«, während sie das sagte, fuhr sie mit dem Finger die Kurve entlang, »das kommt irgendwann sehr unverhofft wieder zu dir zurück. Wenn du also Gutes ins Leben hineingibst, dann kommt das immer wieder. Manchmal über ein paar Kurven und Ecken. Wenn du aber etwas Schlechtes ins Leben reingibst – dann fliegt dir das auch irgendwann in den Nacken.«

Kapitel 11
Der Dominoeffekt: Wenn ein Ziel zu unrealistisch erscheint, um es zu erreichen

Ich hoffe, die vorangegangenen Seiten haben dir mögliche Unsicherheiten genommen, die du in Bezug auf die Online-Technik und das Thema Digitalisierung noch hattest, und du hast jetzt eine große Portion Vorfreude auf das, was digital in deinem Geschäft möglich ist.

Kommen wir abschließend noch einmal zurück zu dir und deinen Zielen – dem, was du mit deinem Kunden erreichen willst. Manche Ziele sind so groß oder gigantisch, dass wir Respekt oder sogar Angst davor haben. Wir denken, wir könnten sie nicht erreichen. Und das ist auch der Grund, warum die meisten Menschen scheitern.

Die meisten Menschen scheitern, weil sie gar nicht erst anfangen.

Sie scheitern, weil sie glauben, die Erreichung von derart großen Zielen sei überhaupt nicht realistisch. Und darum tun sie nicht mal den ersten Schritt. Ich möchte dir am Schluss dieses Buches zeigen, wie du mithilfe des Dominoeffektes deine Träume und deine Ziele wahr machen kannst.

Stell dir vor, vor dir ist eine Reihe dieser kleinen Dominosteinchen aufgebaut. Du stößt den Ersten an. Alle anderen fallen um. Ein einziger Stein könnte Hunderttausende von Steinen umwerfen! Man hört hierzu unterschiedliche Dinge. Der Rekord liegt meines Wissens nach bei knapp über einer Million.

Lorne A. Whitehead hat 1983 herausgefunden, dass die Energie von einem kleinen Dominostein so groß ist, dass dieser Dominostein auch Gegenstände umwerfen kann, die die gleiche Größe haben - oder sogar größer sind als er. Und das bis zum Faktor 1,5.

Das heißt: Jeder Dominostein kann einen Stein umwerfen, der 1,5-mal größer ist als er![5]

5 Whitehead, Lorne A. (1983). Domino »Chain reaction«. In: American Journal of Physics 51. Online abrufbar unter : https ://aapt.scitation.org/doi/10.1119/1.13456 – besucht am 21.02.2023

Das bedeutet: Der erste Stein hat die gewohnte Größe. Der Zweite könnte schon 1,5-mal größer sein als er. Der nächste wieder … Das Ganze summiert sich so stark auf, dass Dominostein Nummer 18 schon so groß ist wie der Schiefe Turm von Pisa. Dominostein Nummer 25 ist so groß wie der Eiffelturm. Und Dominostein Nummer 31 so groß wie der Mount Everest. 31 Zwischenschritte bis zu DEINEM persönlichen Mount Everest. Das hört sich doch überschaubar an, oder?

Wenn du deine Ziele erreichen willst, dann fang mit deinem »Mount Everest« an: Was ist dein großes Bild? Und dann brich deine Ziele von da an runter. Wenn du dies nicht tust, dann siehst du nur die vielen kleinen Dominosteinchen nebeneinander.

Und wenn du dein großes Bild hast, dann kombiniere es noch mit SINN: Warum und wieso möchtest du dein Ziel erreichen?

Der Sinn ist der Kraftstoff, der deinen Motor jeden Morgen dazu antreibt, damit du aus dem Bett springst und deine Träume sowie Ziele tatsächlich verwirklichst. Die meisten Menschen stehen einfach nur auf, weil die Blase voll ist.

Was ist DEIN Warum? Wieso möchtest du starten? Und dann fang mit dem ersten Dominostein an. Setze deine eigene Messlatte jeden Tag ein kleines Stückchen höher.

Das ist für viele Menschen eine große Sache. Die meisten bleiben bei ihrem Standard. Wie sieht es bei dir aus?

Was wirst du ab morgen anders machen?

Mensch, so schnell endet eine gemeinsame Reise. Ich hoffe, du hattest mit diesem Buch und seinen Inhalten ganz viel Spaß und hast jede Menge praktischen Nutzen für dich mitgenommen!

Zum Abschluss dieses Buches habe ich noch ein paar Fragen für dich:

- **Was werde ich ab morgen ausprobieren?**
- **Was konkret möchte ich ab morgen anders machen als sonst?**
- **Welchen konkreten Nutzen haben meine Umwelt und mein Umfeld davon, wenn ich das anders mache?**

Woran erkenne ich, dass meine Handlungen/Verhaltensweisen erfolgreich sind? Welche drei Punkte setze ich in den nächsten zwei Wochen um?

Schlusswort: Wachstum durch Klarheit

»Es sind nicht die Sprüche, die die Welt braucht. Die Bücher sind voll davon. Wir brauchen Menschen, die sie anwenden.«
(Epiktet, ca. 100 n. Chr.)

Und noch ein paar Worte zum Schluss, bevor jeder von uns wieder in seinen Alltag geht. Im Herbst baue ich das Planschbecken meiner Kinder wieder im Garten ab, das über den Sommer ein vertrautes Bild aus dem Wohnzimmerfenster war. Jeder, der schon mal ein mit Wasser gefülltes Planschbecken im Garten hatte, weiß, wie der Boden darunter aussieht: plattgedrückt. Kahl. Tot. Was da mal an Gras war, ist völlig abgestorben, weil es über Wochen weder Luft noch Licht gesehen hat.

In diesem Jahr wurde mir das besonders bewusst. Ich hatte keine Kosten und Mühen gescheut, richtig teure Grassamen gekauft, sie ausgesät – und es passierte nichts. Gar nichts. Der Boden war so verdichtet durch die tonnenschwere Last, die darauf gewirkt hatte, dass nichts wachsen konnte. Erst als ich den Boden aufgepflügt und jeden Tag gewässert habe, löste sich diese steinharte Verdichtung und innerhalb weniger Tage kam wieder neues Leben zum Vorschein. Dann aber ist das Gras regelrecht geschossen!

Viele Menschen versuchen oft, mit aller Kraft und Macht, etwas zum Entstehen zu bringen, wo nichts gedeihen kann. Wo erst der Boden bereitet werden darf, damit etwas Schönes und Wertvolles wachsen kann.

Zu diesem Wachstum gehört Klarheit. Wer bin ich und wo will ich sein? Wo will ich hin, was sind meine Ziele? Wie möchte ich sie erreichen und mit wem? Wer ist in meinem Team, meinem Stamm?

Wo diese Klarheit fehlt, da kann nichts wachsen. Da kann auch kein Verstehen erwachsen. Meinen Kunden (und natürlich auch alle anderen Menschen) wirklich verstehen zu können und zu wollen, setzt eine tiefe Auseinandersetzung mit meiner eigenen Persönlichkeit voraus.

Deine Persönlichkeit, dein Mindset, deine Seele – sie sind der Boden, der vorbereitet werden muss. Und dann wächst etwas Schönes!

Dazu möchte ich abschließend noch eine indianische Weisheit mit dir teilen. Sie erzählt von zwei Wölfen: Jeder von uns trägt zwei Wölfe in sich, die in stetigem Wettstreit miteinander sind. Der eine Wolf steht für die Hoffnung, für den Mut und für alles Gute. Der andere Wolf steht für Neid und Missgunst. Er ist der Bedenkenträger, der Reaktive, der, der nicht ins Tun kommt. Diese beiden Wölfe kämpfen miteinander, jeden Tag. Jeder von uns hat beide Wölfe in sich.

Nun ist die Frage: Welcher der beiden Wölfen gewinnt?

Die Antwort lautet: Es gewinnt der Wolf, den du fütterst.

Ich persönlich schaue seit einiger Zeit nur noch sehr begrenzt Nachrichten. Und das nicht, weil ich nicht mehr informiert sein möchte – im Gegenteil. Ich möchte immer auf dem neuesten Stand sein, was Menschen bewegt und wie ich sie noch leichter und besser vorwärtsbringen kann. Doch die herkömmlichen Medien füttern oft in mir den falschen Wolf.

Was tue ich also? Ich rufe die Nachrichten ab, die ich in Bezug auf die Wirtschaft brauche. Den restlichen Medienkonsum habe ich sehr begrenzt. Anfang 2022 ist es mir dann doch passiert. Ich fuhr auf der Autobahn von Nürnberg nach Hause. Vor mir lagen dreieinhalb Stunden Fahrt. Ich schaltete das Radio ein. Das Erste, was ich mitbekam, war, dass in Rheinland-Pfalz zwei Polizisten regelrecht hingerichtet worden waren. Dieser Moment war wie ein Zeichen für mich. Denn mir wurde klar, wie lange ich brauchen würde, um diese Nachricht zu verarbeiten. Mit Sicherheit die dreieinhalb Stunden – und noch mehr. Ich bin heute an einem Punkt, an dem ich sage: Ich will das nicht mehr. Ich habe keine Lust mehr darauf. Nachrichten wie diese füttern den falschen Wolf in mir und nehmen darüber hinaus sehr viel Platz ein. Platz, den ich für die Dinge brauche, auf die ich einen Einfluss haben kann und die ich in der Welt noch bewegen will.

Jeder von uns entscheidet jeden Tag neu:

- Was lasse ich in mich rein?
- Womit beschäftige ich mich? Mit Dingen, die mich und andere herunterziehen?
- Oder lege ich stattdessen den Samen für Wachstum in dieser Welt? Richte ich den Fokus auf das Gute – auf das, was wir alle für unsere Gesundheit und unsere weitere Entwicklung brauchen?
- Welchen Beitrag will ich – im Kleinen wie im Großen – für diese Welt leisten?

Am Ende gewinnt immer der Wolf, den wir füttern.

Ich bedanke mich herzlich bei dir, dass ich dich auf deiner Reise ein Stück begleiten durfte. Danke für dein Vertrauen. Danke, dass du möglicherweise Teil meiner Vision sein möchtest, eine ganz neue Ära des Verkaufens einzuläuten: eine mit Herz und Verstand. Eine, die den Menschen wieder in den Fokus rückt und ihn wirklich verstehen *will*. Eine, die uns allen, und damit letztlich der ganzen Welt, dient.

Dein
Dirk Stöcker

Viele weitere Impulse für deinen erfolgreichen Weg als werteorientierter und abschlusssicherer Verkäufer findest du auf meinem YouTube-Kanal:

https://www.youtube.com/@DirkStoecker

Gib alternativ in die YouTube-Suche »Dirk Stöcker« ein.

Regelmäßige Tipps für Top-Verkäufer versenden wir kostenlos über unseren *Useletter*. Hier kannst du dich anmelden:

https://www.triup.eu/newsletter

Danksagung

Von Herzen danke ich meiner Frau Anja und meinen Kindern dafür, dass sie mir neben meiner vielen Arbeit die Zeit und den Raum gegeben haben, dieses Buch zu schreiben. Das ist für mich ein großes Geschenk. Ich liebe euch und danke euch unendlich dafür.

Ebenso danke ich all meinen Kunden und Seminarteilnehmern für die vielen tollen Erfahrungen, die ich in all den Jahren mit ihnen machen durfte. Ich freue mich auf viele weitere schöne Jahre!

Ein Buch wie dieses schreibt sich nicht über Nacht. Vor allem ist es ein tiefgehender Prozess, den ich selbst so vorher niemals erwartet hätte. Aus dem Grund danke ich Karen Christine Angermayer für ihre außergewöhnlich tiefgehende, herzliche und immer wertschätzende Begleitung während meines Schreibprozesses. Ihr Blick und ihre Impulse in Bezug auf eine schriftliche Umsetzung, die jahrzehntelanges Wissen kompakt, leicht verständlich und mit Humor vermittelt – all das hat dafür gesorgt, dass das Herz und die Seele, auf die ich in der Zusammenarbeit mit Menschen und in meinen Trainings größten Wert lege, auch hier ins Buch einfließen konnten. Dankeschön dafür!

Der Unternehmensberater, Vertriebstrainer und Autor Dirk Stöcker

»Es ist Zeit für eine neue Ära des Verkaufens!«
Dirk Stöcker

Dirk Stöcker vermittelt starke Werte, persönliches Wachstum und hocheffiziente Verkaufstechniken mit den unbegrenzten Möglichkeiten der digitalen Zeit. Er ist der »Klarheitsbringer« für persönliches Wachstum im Vertrieb.

Zu seinen Kunden zählen mittelständische Unternehmen und Konzerne wie die *Bitburger Braugruppe*, *1&1*, *Deutsche Apotheker- und Ärztebank*, *Mitsubishi*, *Engelbert Strauss* und andere.

Sein Credo: »Es ist Zeit für eine neue Ära des Verkaufens! Werteorientiertes und abschlusssicheres Verkaufen braucht Verstand, Herz und Seele. Alles fängt damit an, den *Menschen* wirklich verstehen zu *wollen*.« Nur so entstehen echte Win-Win-Situationen. Nur dann ist ein Geschäft wirklich ein Geschäft.

In seinen Workshops, Verkaufstrainings und Vorträgen hilft Dirk Stöcker seinen Kunden dabei, Verkaufen und Kommunikation leichter und stressfreier zu machen – und damit auf natürliche Weise erfolgreicher. Dabei legt er großen Wert auf die Persönlichkeitsentwicklung seiner Teilnehmer. Denn ohne eine reflektierte Persönlichkeit kein starker Verkauf und keine Leichtigkeit in Gesprächen und Abschlüssen!

Seinen umfangreichen Erfahrungsschatz hat der gelernte Kommunikationselektroniker und Betriebswirt in 33 Jahren ganz praktisch erworben. Positionen als Interimsmanager und Führungskraft, inzwischen seit mehr als zehn Jahren als Unternehmensberater und Verkaufstrainer, führten ihn immer wieder an den Punkt, an dem ihm klar wurde:

»Erfolgreich verkaufen ist im Grunde einfach: Es ist ein Gespräch zwischen zwei MENSCHEN, von denen jeder danach einen großen NUTZEN hat.«

Wie schwierig die Umsetzung für viele Verkäufer ist – selbst für die erfahrenen Hasen der Branche –, sehen wir jeden Tag. Gerade im digitalen Zeitalter wird es immer wichtiger, seine Kunden wirklich zu verstehen und den digitalen Vorsprung für sich zu nutzen. Als Experte für digitalen Vertrieb hilft Dirk Stöcker dabei, die vorhandenen digitalen Möglichkeiten maximal auszuschöpfen und zu optimieren.

Die begeisterten Rückmeldungen zeigen: Dirk Stöcker lebt und liebt, was er tut. Und: Es ist mehr als an der Zeit für eine neue Ära des Verkaufens. Sind Sie dabei?

Zusammen mit seiner Familie lebt der Autor im Kölner Raum.

Weitere Informationen und Kontakt auf:

www.triup.de

Das sagen begeisterte Kunden

Mal angenommen, du kannst dein Leben und deine Einstellung zur Kommunikation verändern, was wärst du bereit, dafür zu geben oder zu tun? Ich habe mich auf einen Trainer eingelassen, zwei Tage an mir gearbeitet, schlecht geschlafen und bin emotional sowie körperlich komplett fix und fertig nach Hause gekommen. Fazit: Das war die beste Entscheidung in meinem Leben und das wirkungsvollste und beste Seminar, welches ich je besuchen durfte. Der Trainer, eine Bereicherung für diese Gesellschaft mit einem riesengroßen Herzen und dem intensivsten Blick fürs Wesentliche.

»Man sieht nur mit dem Herzen gut. Das Wesentliche ist für die Augen unsichtbar.« (Antoine de Saint-Exupéry aus *Der kleine Prinz*)

Danke, Dirk Stöcker, und auch Danke an die *MR Datentechnik Vertriebs- und Service GmbH*

Claudia Dürr
Account Manager, MR Datentechnik Vertriebs- und Service GmbH

Die tri*up*-Seminare haben uns wichtige Tools für die Akquise an die Hand gegeben. Viel entscheidender war aber die Klarheit und das Mindset, mit dem wir aus den Trainings kamen. Jeder war motiviert und das Team hat von da an begonnen, sich selbst zu motivieren. Dirk hat maßgeblich für meinen Spaß an der Telefonakquise gesorgt und meine Begeisterung für den Vertrieb auf ein neues Level gebracht. Ich erfreue mich seither an der Leichtigkeit im Vertrieb und die Kunden freuen sich über eine wertvolle Beratung.

Mike Diehl
Befeni, selbstständiger Modepartner

Das Seminar zur Persönlichkeitsentwicklung hat meine Erwartungen bei Weitem übertroffen und hat mich zugleich sehr berührt. Es ist aus meiner Sicht ein absolutes Muss und ist weitaus mehr als eine sinnvolle Ergänzung zu den Vertriebstrainings. Es hilft dabei, sich zu reflektieren und andere besser zu verstehen. Selten hat mich ein Seminar so gefesselt und mir neue Erkenntnisse gebracht, sowohl für den Beruf als auch für mich persönlich. Wow – vielen Dank noch einmal.

Marc Martinez-Gallegos
Bitburger Braugruppe

Das Seminar bei Dirk ist einfach anders. Keine Ahnung, wie man es sonst beschreiben soll — und das Wort trifft es so ziemlich genau. Nach einigen Coachings im Vertrieb von diversen »Gurus« kann ich das, glaube ich, gut beurteilen. Dirk schafft es in seinen Seminaren, dass man über sich selbst nachdenkt. Mit tiefgreifenden Gefühlen und Fragen geht man von Tag zu Tag aus dem Seminarraum und fühlt sich anfangs erschlagen. Bis man selbst den

Zugang zu sich findet und plötzlich tatsächlich den Verstand mit dem Herzen verbinden kann. Und danach wird es einfach und es macht Spaß. Denn wenn das Herz dabei ist und man sein eigentliches Talent erkennt, dann ändert sich vieles für einen selbst. Es wird leichter. Mich hat es sehr geprägt und richtig bewusst ist mir das erst Monate später geworden, wie tiefgreifend es für mich war.

Alessandra Cacace

Kontakt

Wir helfen dir gerne, die richtige Veranstaltung für dich und deine Mitarbeiter zu finden. Ruf uns noch heute an oder schreib uns eine E-Mail:

triup® Efficient Sales
Dirk Stöcker
Im Schloßpark 8
53773 Hennef

Tel: +49 (0)2242 / 9182750
Fax: +49 (0)2242 / 9182751

E-Mail: info@triup.de
Homepage: www.triup.de

Weitere Veröffentlichungen des Autors:

Komplette E-Learning-Online-Akademie:
http://www.triup-group.de/

Heinrich, Stephan und Dirk Stöcker (2018). Verkaufen im Flow. Sales-up-Call, Kindle Direct Publishing.

Weitere Verlagspublikationen

»Erfolg und Verantwortung bedingen einander auf vielfältige Weise. Sie sind wie Zwillinge, die nur vollständig scheinen, wenn sie gemeinsam auftreten.«

Udo Gast
Erfolg braucht Verantwortung
Betriebswirtschaft hat abgewirtschaftet
288 Seiten
Mentoren-Verlag
ISBN: 978-3-98641-038-4
€ 24,99 [DE]

In den letzten Jahren stellen Unternehmer immer wieder fest, wie verwundbar sie sind und wie schlecht sie sich auf Ausnahmesituationen vorbereitet haben. Umsätze gehen zurück, Mitarbeiter verlieren ihren Job und damit ihre Existenzgrundlage. Der gewohnte Erfolg bleibt aus. Andererseits zögern viele Menschen aber auch, sich auf das Abenteuer Selbstständigkeit einzulassen. Der zentrale Aspekt für persönlichen und unternehmerischen Erfolg ist das Thema »Verantwortung«.

Doch wo beginnen Sie mit Veränderungen und wie gehen Sie dabei konkret vor? Zahlreiche Beispiele aus der Unternehmerpraxis, Checklisten und Arbeitsblätter unterstützen Sie bei der Umsetzung. Aus zahlreichen Interviews mit erfolgreichen Persönlichkeiten sind die wertvollsten Erkenntnisse miteingeflossen.

»Ich behaupte: Ein eigenes Buch zu schreiben, ist wahre Persönlichkeitsentwicklung. Es trainiert Disziplin, Durchhaltevermögen und ist gut für das Selbstwertgefühl. Manchmal stellt es auch einen Weg zur Heilung dar!«

Daniela Landgraf
Dein Buch in 12 Wochen
Von der ersten Idee bis zur vollständigen Umsetzung
228 Seiten
Telemach-Verlag
ISBN: 978-3-98641-042-1
€ 19,99 [DE]

Schreib dein Buch! Viele Menschen träumen davon, ein Buch zu schreiben und zu veröffentlichen, doch nur wenige realisieren es. Die Gründe hierfür sind vielfältig – in einigen Fällen fehlt es an der Struktur, teilweise mangelt es am Durchhaltevermögen und manchmal sind Schreibblockaden die Ursache für das Nichtumsetzen dieses Traums. Damit dir das nicht auch passiert, begleitet dich Daniela Landgraf in diesem Buch dabei, innerhalb von 84 Tagen dein eigenes Buch zu schreiben. So bleibt es nicht nur eine Idee, sondern wird zu einem konkreten Projekt.

Aufgrund ihrer jahrelangen Erfahrung als Autorin kennt Daniela Landgraf viele Möglichkeiten und verschiedene Vorgehensweisen, wie sich das Buchschreiben und -veröffentlichen besser, schneller, kostengünstiger sowie zielgruppengerechter umsetzen lässt. Neben Tipps zu den Themen Strukturierung, Themenfindung, Storytelling und Heldenreise, aber auch zu Marketing sowie den verschiedenen Publikationsformen bekommst du jeden Tag eine neue Aufgabe, die dich deinem fertigen Buch einen Schritt näher bringt.

»Immer wieder balanciert das Wunderwerk Körper die Billionen von Zellen aus, sodass Sie wieder in die Gesundheit gelangen können. Irgendwann jedoch ist dieses Fass voll. Da geht nichts mehr mit Kompensieren, sondern da hilft nur noch der Alarmknopf.«

Jutta Suffner
Gesund sterben, das ist möglich!
Mit Information als Medizin in die chronische Gesundheit
196 Seiten
Telemach-Verlag
ISBN: 978-3-98641-040-7
€ 19,99 [DE]

Unsere Sinne werden heutzutage mit Informationen aus den verschiedensten Kanälen überflutet: Nachrichten, Filme, E-Mails, Social Media, Musik etc. Unsere Körper nehmen die unterschiedlichen Informationen auf und verarbeiten sie. Am Schluss hat diese Informationsflut einen erheblichen Einfluss auf uns und kann auch unserer Gesundheit schädigen.

Doch was passiert, wenn wir Informationen zu unserem gesundheitlichen Vorteil nutzen? Erfahren Sie in diesem Buch über den richtigen Umgang mit sich und Ihrem Umfeld, um Ihre Reise in die chronische Gesundheit zu starten. Jutta Suffner zeigt Ihnen, wie Sie Information als Medizin nutzen können und dabei lernen Sie, sich und Ihren Körper wertzuschätzen.